正韓食

정　　한　　식

一本與時代共進的韓食大全

寫書是一個很難的過程，尤其身為廚師，時間的掌握與分配更是艱難。我完全了解孫榮花費多少努力，才能完成這本書。

但是也因為 Kai 堅毅的信念，今天才能夠把最完美的成果呈現給大家，把這個豐盛的果實獻給每位翻開書的你們。我衷心給予他鼓勵與祝福。

飲食文化受到許多元素的影響。除了當地的區域性、宗教信仰、國家的民俗風情外，隨著時間的變化、文化的演變，飲食習慣也不斷持續更新。不只這樣，還要加上現代化的烹飪技術、科技的影響，食品、食材也有所進步。換句話説，不管是烹飪的方式或材料，都跟以前有很多不一樣的地方。這個世界的演變非常快速，所以我們的知識也需要跟著進步，在此，我推薦具國際性、非常有天分的主廚 Kai。

我很高興自己有機會在 Kai 的學習道路上給予指引。他靠著自己的努力，成功前往許多國家與五星級飯店深造。在這本書中，他融合了自己在國外學習到的方式，將韓國的美食與藝術，用簡單易懂的方式傳授給大家。做一個受大家尊敬又喜愛的廚師並不容易，過程需要付出很多心血，而且不能放棄。

我很榮幸能為大家推薦這本書。Kai 為了帶給觀眾歡樂與料理的知識，將很多料理上面的理念與烹飪技巧結合在《正韓食》這本傑作中，是一個很有價值的作品。誠心希望大家喜歡《正韓食》，在 Kai 的這本書中學習到多元化的韓食，用好吃的韓食豐富自己的美味人生。

2020. 3.

손영씨를 응원하는
대한민국 제주한라대학교 최영진교수

濟州島漢拿大學酒店烹飪學與營養調理教授 **崔榮真**

用料理體現旅行與文化的情感

旅行多地，最能長存於腦海、心中的回憶，通常是味道。一年前往不下十次的韓國，餐食滋味更是成為我的日常。

韓國餐桌，總是充滿著鹹香酸辣多重層次，從器皿擺設到食材烹調，從視覺衝擊到味蕾饗宴，即便看似色澤雷同的一碟泡菜，箇中滋味卻是百轉千迴。韓國料理，可以是充滿宮廷禮節的御膳料理，可以是融匯大地恩惠的養生慢食，可以是狂歡作樂的派對美食，也有著百吃不厭的國民小吃。無論是哪一種，在正宗韓國輸入歐巴主廚孫榮 Kai 的這本書籍裡都能看到，甚至打開影片一起動手作，書中不僅有文字、圖片還有影片，相當豐富的內容，光是看試讀就好想動作跟著做呢。用美味回憶旅行的美好，用料理體現文化的情感，今天想來點韓式煎餅還是安東燉雞呢？

知名韓國旅遊部落客 **V 歐妮**

吃一次就被圈粉的究極韓食

可以幫 Kai 主廚寫推薦序，實在太讓人激動了！

我們曾經有幸吃過兩次 Kai 做的菜，真的很好吃！
而且我們可不是去餐廳吃飯，而是吃他本人現場幫我們做的菜喔！（撥髮）
想當初我們第一次認識 Kai，就是跟他學韓式炸雞跟雜菜。
我必須説，Kai 的韓式炸雞，非、常、厲、害啊！

酸酸甜甜的醬汁，搭配外酥內嫩又醃漬入味的雞腿肉。喔某某某～有夠銷魂～
那天我們吃完意猶未盡，還打包了一份回家吃。沒想到，Kai 的韓式炸雞，即使帶回家已經
冷掉了，還是一點都不油膩，酥脆又 Juicy。記得當時我們夫妻倆，不可置信的在家睜大眼睛
説：「哇賽！這未免也太強了吧！」（然後立刻跑去冰箱拿啤酒了）
喔～我現在想到那味道又流口水了！

所以我拿到這本書的時候，當然是立刻翻到韓式炸雞那一頁。
裡面寫的，完全就是我們上課的時候的筆記啊！Kai 毫不藏私的把祕訣都寫在書裡面了，連
炸東西的油溫控制、醃肉的祕密調味料都寫得鉅細靡遺。
親古啊～你們買了這本書，完全就是賺到了！

我們第二次見面，是到「料理 123」，跟 Kai 一起錄影。
那陣子，我們突然迷上吃北海道的名物：湯咖哩。
因為知道 Kai 其實對日式料理非常專精，所以就跟 Kai 點餐，説想要學怎麼做「北海道湯咖
哩」。
結果到了錄影當天，他瞇著眼睛，笑笑地跟我們説：
「你們怎麼會點湯咖哩？我以為你們會想要吃更高級的料理 yo 螃蟹啊～牛排啊……」
「這個湯咖哩……嗯……太簡單 yo ～」
哈哈哈哈可惡！早知道節目可以點高級食材，我就不點這種平民美食了啊！
但總之，Kai 那天一次準備了兩種不同口味的湯咖哩：「日式唐揚炸雞 vs 豬肉口味」。
「因為湯咖哩很簡單，我先教大家調配我獨家口味的咖哩粉，再教你們怎麼運用同樣的湯頭，
變化出不一樣的口味 yo。」

吃完 Kai 做的炸雞湯咖哩以後，我們就完全被圈粉。
真的神美味！！！

所以知道 Kai 要出書以後，我一直非常期待！
雖然貴為 W Hotel 的主廚，但是作風卻超級親民。即使是最簡單的家庭料理，也用盡全力的
教你最極致的作法！如果你也跟我們一樣熱愛韓式料理，那這本書以後就會是你的廚房聖
經。從此以後，你家就是韓式小食堂啦！

親古們～歐巴 Kai 開嗑囉！

知名美食旅遊部落客　**小林&郭郭小夫妻**

獻給喜歡韓食文化的朋友

邀你一同來品嚐
我的家鄉味

안녕하세요（大家好），我是孫榮，英文名字叫 Kai，我是一個韓國人，在慶州附近的鄉下出生長大，在釜山成長學習，父母親經營一家中韓餐館。餐館的工作非常忙，每件事情都要自己動手，所以從很小的時候開始我就在廚房裡幫忙，同學、朋友在外面玩，我忙著包幾百顆餃子包到半夜。但也因為這樣的基礎，我長大後選擇讀餐飲科，進一步加強自己的韓菜技巧與料理基本功，並成功在畢業前通過飯店徵選，前往韓國濟州島的五星級君悅飯店工作。

踏出國門，走向世界的料理台

工作後沒多久，有一次公司希望送表現優異的員工到日本飯店受訓，當時選上了大約 20 歲的我。因為這次日本受訓的經驗，我發覺國外還有好多不一樣的料理知識，也明白了語言的重要性，於是我努力自學加補習日文，幾年後用自己存的第一筆錢，前往日本的服部營養專門學校專攻日本料理。出國唸書對家裡經濟狀況不好的我來說是很難得的機會，雖然當時沒有錢，每天只能吃最便宜的丼飯，可是能到日本學習到許多以前不知道的技巧，過程很辛苦，但也很開心。

畢業後我為了研究西餐的技術，選擇往國外發展，到杜拜的七星級帆船飯店工作。待在帆船飯店的期間，我因為工作需求研讀了很多國外食譜、學習英文，也在那邊見識到許多異國料理與國外貴賓，包含當時的美國總統小布希。我的手上有道疤痕，就是在接待小布希總統的時候不小心弄傷的，那時候還因為交通管制的關係，所有出入口都封起來沒辦法去醫院，只能壓著傷口止血，等待活動管制結束。

經過韓國、日本、杜拜，我接著抵達了澳洲。這次到澳洲有一個很重要的任務，因為我受到韓國集團的邀請，幫他們在雪梨創立一家新餐廳，短短 2 年的時間，從無到有，我們餐廳獲得媒體評論為「一個主廚帽 One Hat（澳洲相當於米其林的美食評鑑標準）」的肯定。順利完成任務後，我到澳洲藍帶學院攻讀碩士，將英文與管理技巧學好的同時，也在五星級洲際飯店全職擔任主廚的工作。

改變人生的 ～ 太太和台灣

繞了地球一大圈，很多朋友好奇問我，為什麼最後我會選擇在台灣？因為在讀碩士的最後半年，我認識了我的台灣太太，她是我選修時遇到的 MBA 學生。因為緣分，我決定在畢業後前往我以為是泰國 (Thailand) 的台灣 (Taiwan)，開始新一段旅程。

我在台灣的第一份工作，是微風集團的行政主廚。我在工作中學習到許多活動規劃的方式，也更了解台灣文化，同時每天苦讀中文。2 年多後進入了 W 集團，在台北 W 飯店擔任行政副主廚的職位至今。差不多在這個時期，太太與我開始用粉絲團記錄生活，也在這個時候被發掘，在型男大主廚與料理 123 擔任客座主廚，成為節目中的一顆新星，獲得許多粉絲的愛戴。

為什麼會想要出這本書，也是因為在錄製節目的過程中，我介紹很多熱門的菜色都是韓國菜，台灣人到韓國旅遊的時候，也很喜歡吃韓國道地的口味。但台灣卻很少有人教正統的韓食作法，於是我把自己的拿手菜、家鄉菜，還有許多台灣人不知道的韓菜技巧細節整理出來，讓更多人可以了解我的家鄉味。

一本集結韓食精髓的食譜書

我希望這本書對於初次嘗試韓菜的人來說，也能夠跟著書上的步驟，做出具有道地韓國風味的料理。所以在挑選菜色時，特意不選擇難度很高的韓國糕點、宮廷料理，而是將一些地方知名的美食，像是全州有名的拌飯，安東地區有名的安東燉雞，以及春川辣雞等等……收錄於這本書中，裡面也包含了很多韓國家庭喜歡的家常菜，每一道都是可以在家裡做得出來的菜色。

同時，我發現首爾、釜山是台灣人去韓國旅遊的首選城市，常常聽到大家在懷念旅行時曾經嚐到的美味，所以像是明洞的街頭小吃雞蛋糕，還有釜山豬骨湯，我都有排入這本書內，讓大家可以做給自己和親朋好友嚐嚐。同時在這本書中，我也想向大家介紹韓國的飲食文化，除了講解醬料的不同，也會說明菜色的搭配方式。

其中有一篇很重要的內容，就是韓國的小菜文化。「반찬」，也就是與飯一起配食的小菜，是韓國飲食文化中不可少的部分，所以我在書中也花了很多篇幅介紹給大家。除此之外，也有韓國很受歡迎的粥品、湯品，並在一開始的時候，用具有主題性的韓國套餐方式陳列，讓大家更快翻閱到自己想要學習的料理。

這是我的第一本韓國料理食譜書，每一道都是自己烹煮過，調整配方比例後，才有的食譜。

因為並不是韓文寫作，所以難度增加很多，一直不認為自己可以把這麼多的故事與小步驟，用文字傳遞給喜歡我的讀者。這時候必須要感謝我的太太（妙麗）與我的家人親友，還有我的製作團隊。因為他們給我許多建議與支持，尤其是妙麗努力地花時間整理與翻譯，尋找最適合的對照中文，才能與我一同完成這本書。

在此，把這本書的成就獻給妙麗、我的寶貝兒子예신與我的家人，還有支持我的觀眾和粉絲，希望大家在翻閱這本書時，能夠感覺到我用心的陳述，為我推薦這本書籍給喜歡韓食與韓國文化的親朋好友，一起愛韓食，並了解更多有關韓食的小故事。

Young Son Kai
행복하세요！♥

" 我老婆妙麗常說，
她覺得我上輩子一定也是廚師，
這輩子繼續做相同的事。
我很喜歡做菜，
希望你們也跟我一樣喜歡。"

감사합니다，
謝謝大家。

INTRO

歐巴帶路！
走進韓國人的廚房學做菜

CHAPTER 1

代表性主菜　메인 요리

CHAPTER 2

正統韓系主食　분식

CHAPTER 3

食療湯鍋　탕·국·찌개·전골

CHAPTER 4

特色小菜　반찬

CHAPTER 5
街頭小吃　길거리 음식

使 用 説 明

材料
INGREDIENTS
(3-4 人份)

食材
雞腿塊（帶骨）... 1.5kg
小番茄 ... 適量 - 對半切
花生碎 ... 適量
蔥花 ... 適量
白芝麻 ... 適量

韓式炸雞
양념 치킨

韓式炸雞加啤酒是韓國人最愛的組合，甚至還為此創了一個詞彙「치맥（雞啤）」。但這道韓劇裡常常出現的人氣美食，其實是新一代的韓國料理，因為韓國以前油很貴，煎、炒、烤、蒸的方式比較多，比較少有油炸的菜色。

台灣賣的韓式炸雞通常沒有骨頭，覺得要嚙不方便。但是在韓國，大部都是用帶骨雞肉下去炸，現在因為外國人越來越多，才開始有去骨版本。每家炸雞店都有自己的調味，像是電影《雞不可失》裡面的醬油炸雞也很特別，不過最經典的還是洋釀口味，跟其他國家的味道完全不同，也是我這次食譜收錄的口味。我喜歡加入一點咖哩粉的作法，香氣更足夠。

醃料
清酒 ... 25cc
咖哩粉 ... 5g
胡椒粉 ... 少許
鹽 ... 少許
水 ... 60g

醬料
沙拉油 ... 適量
清酒 ... 100cc
蒜末 ... 60g
洋蔥碎 ... 30g
韓式辣椒醬 ... 120g
番茄醬 ... 240g
黑糖 ... 90g
玉米糖漿 ... 250g
泰式甜辣醬 ... 30g
伍斯特醬 ... 25g
草莓醬 ... 75g

炸粉
低筋麵粉 ... 75g
玉米粉 ... 75g
咖哩粉 ... 30g
胡椒粉 ... 少許

066 / 087

01.Kai 師傅的説故事時間

我會在這邊介紹這道菜的由來、飲食文化、中韓差異還有韓國習慣的吃法等，讓大家除了怎麼煮之外，還能學到有關韓國料理的小故事，一起成為韓食知識通。

02. 食譜份量

這道食譜材料量建議的食用人數。有些醬料適合先做大量起來放，會另外標示在醬料旁邊。實際用量都可以自己再調整 yo，像是男生可能吃多一點，或是如果一餐煮很多菜，就可以減少一點份量。

03. 材料

各道食譜使用的食材、調味料量。這邊是我試過很多次後最喜歡的口味，也鼓勵大家依照自己喜歡的味道調整，想要少糖或是多一點辣都可以 yo。

04. 備料方式

標示各種食材的備料方式。準備食材的時候先看一下要不要泡水，或是該怎麼切，可以節省做菜的時間。各種食材切法可以參考照片。

05. 料理步驟

開始做菜囉！每道菜的步驟都放在這裡。我盡量把步驟寫得很詳細，才不會有些看不懂。建議先從頭看過一遍再開始煮 yo。

06. 步驟重點

像上課的筆記一樣，我在每個步驟的重點畫線，把一些小撇步抓出來。這些細節很簡單，但都是讓料理變得更好吃的祕訣，大家一定要試試看 yo！

使用說明

07. 步驟圖標示

這裡會標示步驟圖的號碼，可以對照下面的重點步驟圖來看，更清楚 yo。

08. 步驟圖

比較重點的步驟有另外拍照給大家看，例如醬料要煮到什麼程度、包餃子的方法等等，每張照片都是小小的美味關鍵。

09. 影片 QRCode

我有拍過教學示範的食譜，會放上 QRCode 給大家，用手機掃就可以看到影片了。

10. 烹飪技巧的 Box

這裡會放一些比較特別，或是需要注意的烹調方法。

11.Chef Kai's Tips

如果這道菜有希望大家注意，或是可以替換的地方，我都放在這裡。這些小重點都是我累積很多年經驗才學會的，分享給大家。

INTRO

歐巴帶路！
走進韓國人的廚房
學做菜

우리 같이
시작해 볼까요 !

韓國人的飲食習慣
與韓食文化

　　韓國飲食中有分主食（주식）、副食（부식）跟甜點（후식）。三餐主食以外的食品點心，像是街頭小吃統統算副食，甜品的部分則比較少，不像台灣那麼多元，大多是使用五穀做成的糕餅與甜湯。雖然現在受到咖啡店的崛起加上外來商家的影響，飲品和甜點蛋糕的選擇變多，但以一般韓國的飲食習慣來說，甜點或是甜湯並不是那麼普及，往往一小塊糕點跟一杯茶或咖啡就已經是難得的飯後甜點，也因為這樣，韓國人很注重三餐的飽足感，以及肉品小菜的多元化。

　　韓國的飲食文化講究醫食同源、陰陽調和，相信每個食材對於身體各器官有不一樣的幫助，所以傳說中五行五色（金木水火土／黃綠白黑紅）的食療理論，一直存在韓國料理中。除此之外，順應自然節氣也是韓國飲食的特色，例如在一整年最熱的三伏天（初伏、中伏、末伏）中，韓國人反而會來碗熱騰騰的蔘雞湯，用「以熱治熱」的概念，驅走夏天常吃冷食、吹冷氣而積在體內的寒氣。

　　在流傳下來的宮廷菜中，很多菜色都是以蒸煮拌炒來做為料理的方式，油炸與重口味的東西在韓國的宮廷料理比較少見，和現在韓食給人的印象很不一樣。主要的原因之一，是因為早期韓國沒有辣椒，也沒有產油的緣故。而現在坊間常常看到的炸雞與加起司的烹飪方式，是後來比較洋派的作法，也是韓國新時代烹飪手法的改變。

餐桌上不能少一碗湯

　　韓國人因為注重食療,加上天氣寒冷,所以湯品有很多種,分成可以當主食的功夫湯(탕)、配飯湯品(국)、燉物湯品(찌개)、火鍋湯品(전골)。食材跟湯的比例不一樣,在韓文中的名稱也不一樣。其中,功夫湯需要燉煮最久,因為湯頭是精華,所以講求原味,像是大家喜歡的雪濃湯,都是上桌後再依照個人喜好加入醬料調味;而配飯湯品是餐桌上的主角,通常會是一個小鍋,一人一鍋跟飯一起吃;燉湯則是料比較多,可以跟家人共享,湯頭比較濃;韓式火鍋的話,會把料先處理好最後加入湯在桌子上直接滾煮,邊吃邊加湯,湯水比較少,味道也偏清淡。從湯品分類如此多來看,就說明了湯在韓國飯桌上,是跟米飯一樣不可或缺的菜色。

　　且跟台灣不一樣的是,韓國人的米飯是和湯一同食用,或是倒入湯中做成湯拌飯。吃烤肉跟火鍋時,也是到最後才以炒飯或是湯拌飯來補足飽足感,大部分的時候不會一邊吃白飯一邊喝湯。除此之外,喝湯的方式也跟台灣人不同。韓國的湯匙特別長,就是方便在一家人共吃一大鍋湯餚時,直接從鍋中撈湯食用,而不像其他亞洲民族有使用湯勺的習慣,會把湯舀到小碗中再各別品嚐。

令人驚艷的小菜文化

　　小菜 (반찬) 在韓國的飲食文化中跟日本相似，規則卻複雜許多。如果考究古時候的規則，是有 3、5、7、9、12 這樣子的規定存在，也就是扣除飯、湯與泡菜後，小菜的數量必須要有這麼多。所以每當遊客在韓國品嚐宮廷宴時，往往會被滿桌的盤與碟給驚艷到，有些餐廳甚至會有特別的活動托盤，直接將所有小菜一次上齊。

　　一疊一疊的小菜中包含了酸甜苦辣各種滋味，很適合搭配白飯食用。發酵的小菜靠的是糖、糯米、魚露以及生蝦醬來製作，而非發酵的小菜就要靠醬油或是韓國的味噌與辣椒醬來調味。其中，韓國人相信自然發酵的泡菜是每一餐必須要有的小菜，光是泡菜，就又有分「快速泡菜 (겉절이)」、「生泡菜 (배추김치)」這兩種比較快速發酵和幾乎沒有發酵的泡菜，以及需要放比較久，甚至要幾個月才能吃到發酵後的酸與美味的「老泡菜 (묵은지)」。

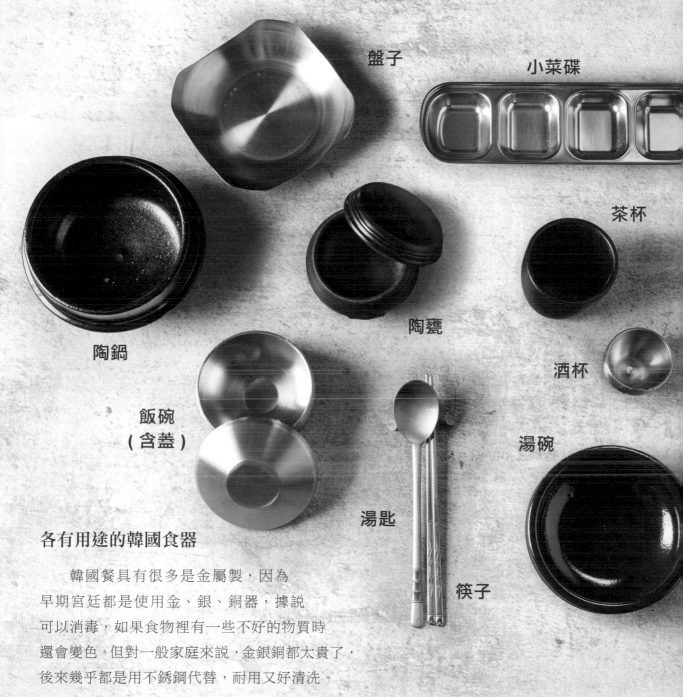

盤子

小菜碟

茶杯

陶甕

陶鍋

酒杯

飯碗
（含蓋）

湯碗

湯匙

筷子

各有用途的韓國食器

　　韓國餐具有很多是金屬製，因為
早期宮廷都是使用金、銀、銅器，據説
可以消毒，如果食物裡有一些不好的物質時
還會變色。但對一般家庭來說，金銀銅都太貴了，
後來幾乎都是用不銹鋼代替，耐用又好清洗。

　　其中最具代表性的，就是扁平狀的筷子和長柄的湯匙。形狀扁平的韓筷夾取食物時
不容易滾動，用來剖解肉類、魚類，或是攪拌時都很方便。在小菜文化盛行的韓國餐桌
上，有一雙方便夾取的筷子非常重要。長柄的湯匙則是用來吃飯和撈湯，因為在韓國的
餐桌禮儀中，碗是不能離開桌面的，也不會低頭以碗就口，而是先用筷子把菜夾進碗裡，
再以長柄的湯匙挖來吃。且附蓋子的飯碗是以不銹鋼或銅製成，方便保溫但遇熱很燙，
所以不能托著食用。其他像是裝醬料和泡菜的陶甕、小菜碟等，也都是韓國很有特色的
食器。

充滿特色的節慶飲食

韓國並沒有端午節或清明節,中秋節是祭祖的大節日,在這一天韓國不吃月餅,而是用糯米粉做成五顏六色的松糕。除此之外,像是生日喝海帶湯、過年吃年糕湯,或是冬至吃的紅豆粥,也都是很具有代表性的食物。當然還有很多沒有涵蓋的地方,例如韓劇裡有人出獄時都會吃的白豆腐,就是取其潔白無瑕的象徵,代表還得一身清白。

特殊節日裡吃的韓國食物

生日 生完小孩	寶寶週歲	中秋節	農曆春節	元宵節	冬至
▼	▼	▼	▼	▼	▼
海帶湯	白蒸糕	松糕	年糕湯	花生或核桃 還有五穀飯	紅豆粥

上下分明的餐桌禮儀

最後,來說說韓國餐桌禮儀上的不同。大家如果去過韓國,或是常常看韓劇就會發現,傳統的韓食餐廳幾乎都是榻榻米居多,使用矮桌,需要盤腿就坐,且入席或是進入別人家都要立刻脫鞋,這點我有很多國外朋友都不太習慣。雖然現在大多小吃店面都有椅子可以坐,但如果要去傳統的韓食餐廳,進入包廂時還是需要脫鞋並盤腿坐的喔。

再來還有一點,就是吃飯的姿勢。對韓國人來說,不管是把碗端起來,或是整個人低下頭吃飯,都是沒有禮貌的行為。

除此之外,韓國人很重視長幼順序,跟長輩或比自己年長的兄長姐說話,都會有特別的語法,是不能用半語的,除非對方跟你很熟,如同親人。在餐桌上也要先讓長輩食用,讓長輩先入座。長輩餵食晚輩也是很正常的拉近距離的表現,所以常常看到長輩幫晚輩剝蝦,或是直接餵晚輩吃的舉動。

但是在職場上就不一樣了,職稱比年齡重要。就算是年紀輕的晚輩,只要職稱比較高,年長的長輩也要以職位尊稱,吃飯敬酒的順序都要從高職稱的開始。不過相對的,長輩與高職位的人也往往都是請客的人。

喝酒的規則也很多。像是要幫長輩倒酒,倒酒前必須先問長輩的意願,再用雙手扶著酒瓶倒,而且喝酒的時候不能對著長輩,要側頭到另一邊飲酒。如果有人幫自己倒酒時,則要用雙手接酒。除此之外,女生很少會主動為男生倒酒,除非是自己的老公或是男朋友。當然,隨著時代的變遷也有很多的改變,但比較傳統的人還是保有這樣的習慣。

北韓

平壤冷麵

咸興冷麵 P128

春川

辣炒雞 P74

京畿道

孝子洞
雞肉串
P214

炸雞 P66

首爾

明洞雞蛋糕
P216

江原道

水原

烤肉
P76

烤牛肋排

忠清北道

安東

燉雞 P70

忠清
南道

大田

慶尚北道

紅豆餅
韓定食 / 菜包飯

全州

大邱

慶州

拌飯 P114

烤大腸

蔚山

全羅北道

慶尚
南道

光州

釜山

小菜

鯖魚燉蘿蔔
P202

豬骨湯 P160

全羅南道

統營

糖餅
P218

忠武飯捲
P120

生魚片 / 海鮮

韓國不同地區因為環境、盛產作物的差異，都有各自著名的料理。在大城市首爾裡，烤肉、炸雞、街頭小吃特別興盛。靠海的釜山，因為學生、年輕人多，烤肉與小吃的選擇也比較多樣，另外像是豬骨湯、生魚片、海鮮非常有名。光州的小菜特別好吃，也因為靠海，在泡菜內會加入海鮮醃製。

濟州

黑豬肉

師傅的最愛

醬料與調味
韓國料理的味道來源

　　韓國菜的味道來源，主要是仰賴「發酵類的醬料」與「非發酵類的調味」。發酵類包含常見的韓式辣椒醬（고추장）、韓式大醬（된장，也就是味噌），以及韓式醬油與魚露。韓式辣椒醬是韓國的基底醬，很多醬料都是由它配製而成，像是拌飯醬、糖醋辣椒醬、辣炒年糕醬都一定要有它。而包飯醬（쌈장）也是一款韓國常常使用的醬料，很多商家會用自己的食譜製作，讓自己的菜色跟其他店家有所區隔，跟辣椒醬不一樣的是，它是由韓國大醬、辣椒醬、蒜末、芝麻油、糖所調製而成的，也可以沾蔬菜來吃。

　　韓國的醬油有分為湯醬油（국간장）跟濃醬油（진간장），很多台灣人都分不太清楚差別在哪邊，湯醬油顏色清淡發酵時間短，味道比較鹹，主要是用在湯品中；濃醬油顏色比較深，因為發酵時間比較長，味道濃郁，甜味與香氣也比較多，我幾乎80%都是使用濃醬油在做菜。講到味噌，很多人會將韓國與日本的味噌拿來做比較，這個時候我必須要說，兩者完全不一樣。韓國的味噌比較耐煮，會越煮越香，適合久燉的菜色，而日本的味噌加入比較多的麵粉與糖，風味不同。

　　韓國的魚露沒有煮過，所以是一個發酵的要件，很多小菜都是透過它產生微發酵，跟泰國的魚露不一樣，泰國魚露是煮過才裝瓶，口味相對較重，也比較偏鹹。韓國的魚露主要分成三款，玉筋魚魚露（까나리액젓）、蝦子魚露（새우액젓）、還有就是最常見的鯷魚魚露（멸치액젓）。很多泡菜都會使用到魚露來提味與發酵，其中玉筋魚魚露味道重，南部的泡菜比較多人使用，而北部的泡菜大多使用鯷魚魚露。蝦子魚露大多會跟此兩款魚露混用，依照個人口味的喜好來搭配比例。

而非發酵類調味，就是倚賴辛香類的食材，像是洋蔥、大蒜、辣椒以及辣椒粉。韓國的洋蔥多汁且偏甜不嗆，很適合涼拌。辣椒也是品種不同，並不是嗆辣的辣椒，而是比較溫和有香氣。辣椒粉的部份，細研磨辣椒粉的辣度比粗的辣椒粉高，還有日晒與機器烘乾的差別，但是不管是哪種辣椒粉，都不會有朝天椒一樣的辣度，韓國的辣椒中也只有青陽辣椒（청양고추）比較辣。

除了醬料和辛香料之外，五穀雜糧和乾貨也是韓食文化另外一個少不了的重點。韓國的芝麻很有名，還有野生芝麻的品種，香氣非常濃郁，也會將五穀（小米、紅豆、綠豆等等）入菜，例如綠豆煎餅還有紅豆粥品，韓國的紅豆粥跟其他國家的甜湯不一樣，是偏鹹的口味。其他像是松子、人蔘、海帶等乾貨，也都是時常使用的食材。

我的父母親與老婆的父母親第一次在韓國見面時，我們訂了傳統的韓屋吃宮廷料理。
這間餐廳的後院裡有很多泡菜罈，還有正在風乾的食材，具有濃濃的韓國風味。

基本的
醬料與調味料

韓式辣椒醬
고추장

韓式包飯醬
쌈장

韓式味噌
된장

韓國芝麻油
참기름

味醂
맛술

糖漿
물엿

粗鹽
굵은 소금

濃醬油
진간장

湯醬油
국간장

蘋果醋
사과식초

韓國日曬海鹽
구운소금

白芝麻粒
볶은 참깨

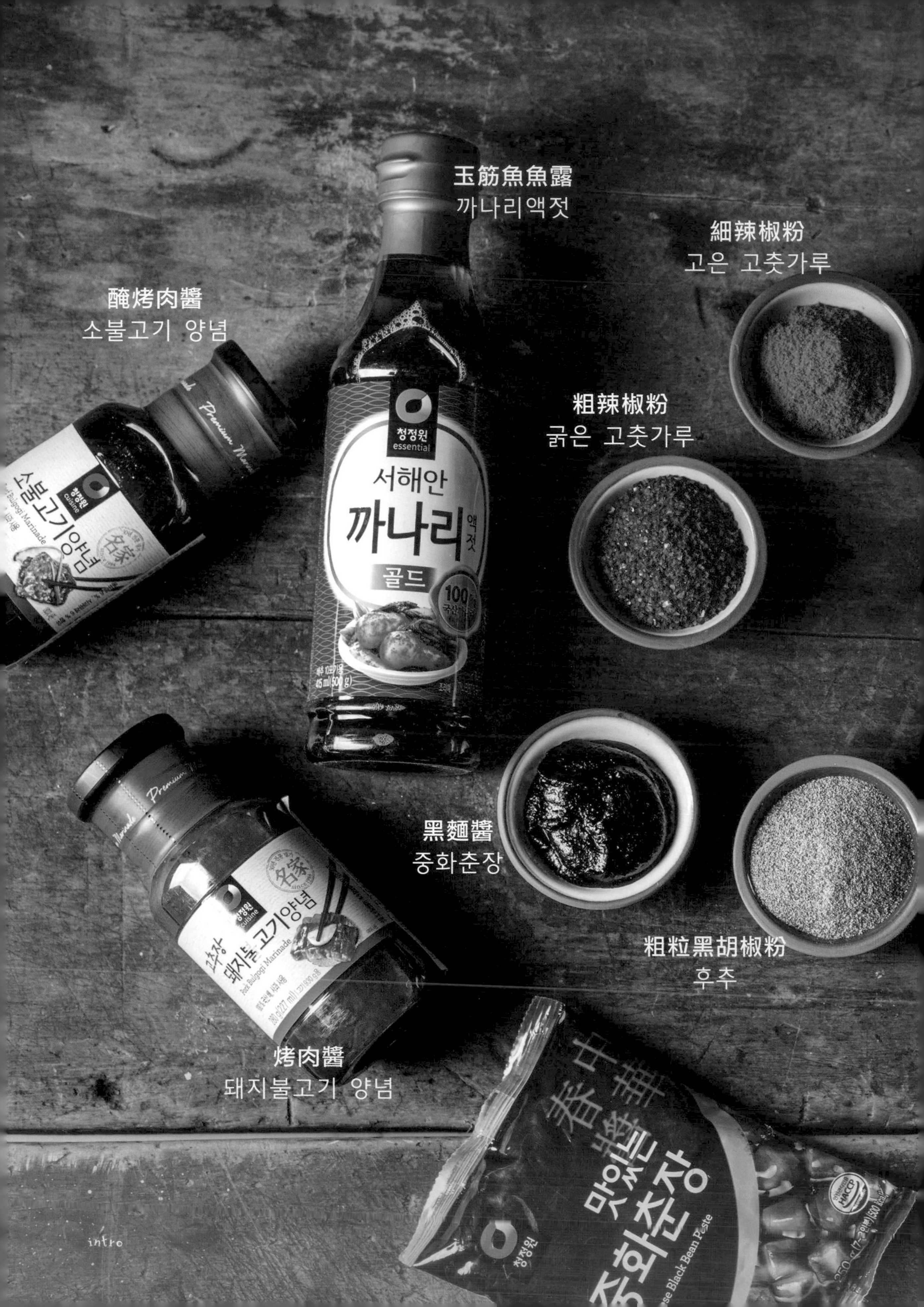
玉筋魚魚露
까나리액젓
細辣椒粉
고은 고춧가루
醃烤肉醬
소불고기 양념
粗辣椒粉
굵은 고춧가루
黑麵醬
중화춘장
粗粒黑胡椒粉
후추
烤肉醬
돼지불고기 양념
청정원
essential
서해안
까나리액젓
골드
소불고기양념
Premium
고추장
돼지불고기양념
Pork Bulgogi Marinade
中華春醬
맛있는
중화춘장
Black Bean Paste

生蝦醬
새우 젓갈

拌飯用辣椒醬
비빔밥 고추장

鯷魚魚露
멸치액젓

辣炒年糕醬
떡볶이고추장

韓國調味料哪裡買？

　　現在大賣場或是網站上其實都有韓
國專區，不管是調味料還是番薯麵、魚
板、黑輪之類的韓國特有產品都很容易
買。想要一邊逛逛的話，也可以去永和的
中興街（頂溪捷運站附近），那裡幾乎什
麼韓貨都買得到。

╲ 私房店家
大公開 ╱

{ 常用的乾貨 }

昆布
다시마

海帶芽
미역

人蔘
인삼

去殼栗子
깐밤

銀杏
은행

鯷魚乾
마른 멸치

紅棗
대추

黃耆
황기

高麗紅蔘
홍삼

枸杞
구기자

韓國海苔
김

主廚特調！
{ 自製超好用的 }
韓式醬料

在這裡要介紹六款實用性很高的醬料，雖然市面上買得到，但自己做其實並不難，一次做大量後保存起來，隨時要用就能拿出來用。製作時建議用克數（gram）測量材料量，液體類如果用目測 ml 數的方式計量，容易與實際重量有偏差。

辣炒醬

這是用來做辣炒豬肉的基底醬，也可以拿來炒海鮮、炒年糕，或是煎魚時使用。

材料（10 人份）

韓式辣椒醬 ... 400g	青蔥末 ... 100g
粗辣椒粉 ... 40g	洋蔥末 ... 200g
白砂糖 ... 60g	濃醬油 ... 100g
玉米糖漿 ... 60g	芝麻油 ... 30g
蒜末 ... 60g	薑末 ... 30g

作法

將所有材料攪拌均勻即可。

包飯醬

用蔬菜沾著吃，或跟烤肉一起包進生菜裡都好美味。

材料（10 人份）

韓式味噌 ... 150g	玉米糖漿 ... 50g
韓式辣椒醬 ... 50g	芝麻油 ... 50g
粗辣椒粉 ... 15g	白芝麻粒 ... 15g
洋蔥碎丁 ... 50g	檸檬汽水 ... 50g
蒜末 ... 20g	蔥花 ... 裝飾用

作法

將所有材料攪拌均勻即可。

韓式
糖醋辣醬

韓國人很愛拿這種醬當沾醬，沾蔬菜或是海鮮，搭配生魚片也適合。另外，做成海鮮沙拉等冷菜，或是拌拌麵也都可以。

材料（10 人份）

韓式辣椒醬 ... 200g	白醋 ... 300g
玉米糖漿 ... 100g	蒜末 ... 50g
白砂糖 ... 100g	細辣椒粉 ... 30g

作法　將所有材料攪拌均勻即可。

材料（**20 人份**）

A	蘋果汁 ... 300g	B	芝麻油 ... 30g
	鳳梨汁 ... 300g		蒜末 ... 50g
	啤酒 ... 200g		青蔥末 ... 50g
	濃醬油 ... 540g		
	白砂糖 ... 350g		
	洋蔥末 ... 200g		

韓式 炒牛肉醬

只要是牛肉的料理都可以使用，烤牛排可以拿來醃漬，煎牛排也可以當沾醬！炒韓式牛肉蔬菜時，加個幾匙就很好吃。使用在豬肉、雞肉上也很搭。是烤物或炒肉的秘醬 yo！

作法

將材料 A 滾煮 10-15 分鐘，煮到大約減少 20% 的水分增加稠度，之後過篩，起鍋前再加入材料 B 混合即可。

材料（**20 人份**）

濃醬油 ... 200g
水 ... 200g
味醂 ... 200g
白砂糖 ... 200g
洋蔥末 ... 200g
蒜末 ... 100g

作法

將所有材料滾煮 15 分鐘左右至收汁，增加稠度，之後過篩即可。

萬用醬

燉物很適合用這款醬料，像是燉雞腿、燉肉，或是拿來炒蔬菜都可以。如果要用此醬替代食譜內的醬油，那就不用特別加糖了。也可以減少一直拿調味料的不便。

萬用 海鮮湯粉

用來提味的湯底粉，不管是煮粥，或者是煮湯、蒸蛋時加一小匙，就能讓料理鮮味十足。

如果你不知道如何熬煮海鮮湯底，這個粉就是最方便製作湯底的方法。

材料（**20 人份**）

乾燥蝦米 ... 60g
乾燥香菇 ... 40g
乾燥牡蠣或
乾燥干貝 ... 40g
乾燥柴魚片 ... 40g
乾燥鯷魚 ... 30g
乾燥昆布片 ... 30g

作法

將所有材料分別用調理機打成粉末狀後混合即可。

保存方式與 使用期限

調醬類
裝罐，冷藏保存一個月。
以乾燥乾淨的湯匙舀出使用。

海鮮粉
裝保鮮盒，冷凍保存一個月。
以乾燥乾淨的湯匙舀出使用。

韓式泡菜
韓國人的生活必需品

泡菜對我們韓國人來說不能算一道菜,而是餐桌上本來就會有的食物。韓國人一年吃十幾二十幾公斤的泡菜是很正常的事,所以製作泡菜的技巧,也是每位韓國媽媽必備的技能。因為冬天沒有大白菜,所以每一年的冬天結束之前是醃泡菜的時節,住在附近的幾個媽媽會相約一起做泡菜,在早期,一個家庭至少需要醃100 至 150 顆白菜才夠吃,現在雖然量比較少了,但一次還是要做 50 顆左右,每一戶家庭都會有一台專門放泡菜用的冰箱。

自製傳統泡菜需要時間耐心等待,建議使用韓國大白菜,如果沒有的話,用山東大白菜也可以。好吃的泡菜帶有發酵的酸度,白菜吃起來清脆爽口。做好的泡菜只要妥善保存,基本上不會壞掉,但放得越久酸度越高,太酸就不會再吃了。但也有人特別喜歡吃放很久的泡菜,甚至有些餐廳會以使用陳年老泡菜當招牌。接下來要教大家自己醃泡菜的方法,如果覺得太困難的話,買現成的袋裝整顆泡菜也是一種方式。

製作泡菜的 材料 & 方法

主材料

大白菜 ... 6kg
（約 2-3 顆）
* 選白菜葉黃一點的，比較好吃。

鹽水

水 ... 1000g
海鹽 ... 100g
* 一定要用海鹽，不然會苦。如果想要少鹽一點，可以減少比例為 80g。
砂糖 ... 30g

米漿

糯米粉 ... 50g
* 可以自己把生糯米打成粉，更新鮮。或是直接用熱飯打，之後就不用再煮。
水 ... 500g

醃漬醬料

白蘿蔔 ... 200g
水梨 ... 200g
青蔥段 ... 6 支
洋蔥 ... 1 個
蒜末 ... 100g
薑末 ... 30g
砂糖 ... 100g
生蝦醬 ... 50g
魚露 ... 100g
粗辣椒粉 ... 200g
細辣椒粉 ... 80g

醃料

白蘿蔔絲 ... 100g
紅蘿蔔絲 ... 50g
洋蔥絲 ... 50g

步驟

1. 備好所有材料，並切成適當大小。

2. 將「鹽水」的材料混合均勻後，把整顆大白菜放入鹽水中浸泡 12 小時，之後用清水洗兩次，再用力把水擠乾。

3. 將「米漿」的材料攪拌均勻，用中火滾煮 5 分鐘，放涼。

4. 將「醃漬醬料」當中除了辣椒粉以外的材料，放入調理機中攪打成漿狀。

5. 步驟 3、4 以辣椒粉混合均勻，製成泡菜醬。

6. 將「醃料」的三種蔬菜絲拌入泡菜醬中。

7. 擠乾的大白菜均勻抹上泡菜醬，並將葉片一片一片打開塞入拌醬的醃料。

8. 準備一個陶瓷缸或滾水燙過的玻璃罐，裝入泡菜，放在室溫約 18-22 度、通風良好的地方一天（夏天天氣熱 12 小時就夠了），再放入冰箱約一個星期後就可以品嚐了。

CHEF KAI'S TIPS

1. 買大白菜的時候，葉子要選偏黃的，莖要硬一點的。

2. 鹽水泡過的大白菜，白色的莖在對折時會變得比較不容易折斷，這代表鹽漬過程是成功的，做出來的泡菜也才會脆口。

3. 泡菜室溫發酵時，要放在涼爽的地方，環境不要太潮濕，也不要一直開蓋或攪拌。時間到的時候，吃一下是否有酸度。泡菜水也許會有一些小氣泡，這是正常的發酵表現，且整體體積有膨脹 30% 的感覺。

{ 泡菜的切法與擺盤 }

1. 先將泡菜的汁稍微擠乾。

2. 將整顆泡菜的頭切掉後，分成一片一片，把頭跟尾交錯疊放❶。

3. 疊成長條狀的泡菜外層，再用泡菜以垂直方向包起來。

4. 捲好後的泡菜，從頭到尾的粗度都是一樣的。

5. 將泡菜分切成適當寬度。

6. 擺盤後再淋上泡菜汁，撒上蔥花、白芝麻即可。

Cooking Point　❶ 頭跟尾交錯放，疊好後整體粗度平均，切出來的大小才會一樣。

韓國料理常見的蔬菜切法

01 小黃瓜細絲
02 小黃瓜粗絲

先將小黃瓜用鹽巴搓揉掉表面的突起（苦味來源）後，削掉比較粗的尾端外皮。接著切成適當的長段，用刀子沿著表面繞圈，將小黃瓜片成厚度均一的扁平狀，再直切成細絲；或是直接將小黃瓜切成長斜片，再切成粗絲。

小黃瓜削去前端約 5 公分的皮

03 紅蘿蔔粗絲
04 紅蘿蔔小丁

先去掉紅蘿蔔的外皮後，切成薄片，接著依需求切成粗絲、細絲，或是將絲切成小丁。

05 蒜片
06 大蒜（拍扁）
07 蒜末

大蒜的切法不同，用途也不一樣。做炒的料理時大多切成薄片或拍扁，香氣容易釋放；但如果是醬料類或是餃子的內餡，切成碎末才能跟其他食材融合在一起。

08 蔥絲

蔥是做菜時很常用到的食材，蔥段、蔥花、蔥絲都很常見。切蔥絲的時候，先將蔥縱切開並攤平後，再切成細絲。不講究粗細的話，也可以用叉子或針由上往下在蔥綠上劃出細絲。切好的蔥絲泡到冷水中就會捲起來。

09 青椒絲

青椒或甜椒類先去除頭尾和中間的籽和瓢，接著縱切開後攤平成長方形，就可以切出工整的細絲。

10 蘿蔔片
11 蘿蔔丁

蘿蔔的外圍有苦味，削皮的時候削厚一點掉，吃起來才會又甜又水嫩。削好皮後將蘿蔔四邊切掉，變成一個長方體再切成片，或是切成細長條後再切成丁狀。

12 辣椒圓片
13 辣椒斜片

韓國的辣椒不會跟朝天椒一樣辣，尤其是綠辣椒，直接生吃也沒有關係。在台灣紅辣椒建議買辣度低的大紅辣椒，綠辣椒可以買調糖辣椒或是糯米椒。辣椒切斜片和圓片都可以，外觀不一樣外，斜片的面積比較大，味道容易釋出。如果用來燉煮，切段就可以了。

14 櫛瓜圓片

櫛瓜是韓國很普遍的一種蔬菜，品種和台灣產的不太一樣，比較大根、皮比較薄，水分很多，用來燉煮或炒都好吃，有黃有綠的顏色也很漂亮。櫛瓜不需要削皮，切掉頭的部位後，再切成圓片或是跟小黃瓜一樣切絲即可。

15 紅棗捲片
16 松子紅棗捲片

紅棗捲片是古時候韓國宮廷流傳下來的裝飾。紅棗剖開去籽後，先將紅棗攤平，再用手密實地捲起來（中間可以包入一顆松子），接著橫切成片狀。紅棗捲片的側面看起來像花一樣，放在料理上或是撒在紅棗茶上，都是很典雅的裝飾。

主廚設計！

韓食 { 主題套餐 }

인기 최고 한식 정식 요리

- 韓劇街頭小吃套餐
- 韓國中華美食套餐
- 韓式豪華海鮮套餐
- 朋友小聚套餐
- 經典辣炒豬肉套餐
- 野餐套餐
- 夏日補身套餐
- 生日派對套餐
- 肉食派對套餐

肉食派對套餐

고기파티

韓式烤肉拼盤
P076

包飯醬
P030

拌拌麵
P126

醬漬洋蔥
P191

生菜包肉＆豆腐
P086

고기파티

生日派對套餐

Birthday
Party

傳統泡菜
P034

韓式炒雜菜
P180

韓式炒牛肉
P094

韓式蒸蛋
P196

泡菜燉豬肋排
P084

海帶湯
P174

생일파티

夏日補身套餐

기력회복

韓式煎餅
P060

韓式蒸蛋
P196

蔘雞湯
P156

傳統泡菜
P034

水泡菜
P188

韓式炒雜菜
P180

기력회복

野餐套餐

소풍음식
（도시락）

韓式炸雞
P066

紫菜飯捲
P108

CROWN

韓式炒雜菜
P180

韓式蛋捲
P198

소풍음식 (도시락)

經典辣炒豬肉套餐

제육정식

黃瓜泡菜
P186

韓式菠菜
P195

傳統泡菜
P034

韓式燉馬鈴薯
P204

醬漬洋蔥
P191

辣炒豬肉
P090

豆芽湯
P172

제육정식

朋友小聚套餐

손님초대

韓式煎餅
P060

水泡菜
P188

傳統泡菜
P034

泡菜炒五花肉
P184

安東燉雞
P070

손님초대

韓式豪華海鮮套餐

해물 정식

大醬湯
P170

涼拌海帶芽
P192

韓式炒乾蝦
P206

釜山鯖魚燉蘿蔔
P202

辣燉海鮮
P102

涼拌豆芽菜
P194

해물 정식

韓國中華美食套餐

한국식
중식

韓式糖醋肉
P098

韓式炸醬麵
P122

涼拌小黃瓜
P193

韓式蒸餃
P132

韓式炸餃
P132

醬漬洋蔥
P191

한국식 중식

韓劇街頭小吃套餐

길거리음식
분식

孝子洞雞肉串
P214

忠武飯捲
P120

辣炒年糕
P210

魚板湯
P212

糖餅
P218

明洞雞蛋糕
P216

떡볶이 ₩2000원

충무김밥 ₩2000원

순대국밥

꽈배기계란빵

호자동 닭꼬치

오뎅탕

₩2500원 ₩3000원

길거리음식 분식

CHAPTER

1

代/表/性

主菜

메인 요리

海鮮口味

韓式煎餅
한식 파전

泡菜口味

煎餅的種類有很多種，一般來說薄煎餅比較多，外面脆裡面軟，但是依照區域性不同，厚薄、食材、配料也有很大的差別，厚的煎餅會需要用特別的鍋子來煎。例如綠豆有名的地方就做綠豆煎餅，北部蕎麥多的地方就做蕎麥煎餅，裡面放的配料也是當地盛產的食材。其中最有名的是海鮮煎餅，一般海鮮在烹調過程中鮮味難免流失，但海鮮煎餅中的鮮味不管是流到煎油還是麵糊中，最後都會回到煎餅裡，吃得到完整的鮮甜滋味。

韓式煎餅以前是下雨天吃的食物。因為早期韓國是農業社會，大部分的人工作都是在田裡，所以如果遇到下雨天沒辦法工作，只能待在家裡的時候，就會聚在一起，用家裡現有的食材做成煎餅、一邊喝馬格利酒，享受難得的團聚時間。後來也成為街頭市集常見的美食。

材料
INGREDIENTS

海鮮煎餅（2-3 人份）

透抽 ... 50g - 切片　　　高麗菜 ... 20g - 切絲

草蝦 ... 50g - 去殼　　　洋蔥 ... 50g - 切絲

牡蠣 ... 30g - 去殼　　　青蔥 ... 100g - 切段

扇貝 ... 50g - 去殼　　　蛋液 ... 半顆

　　　　　　　　　　　大紅辣椒 ... 1 條 - 斜切片

　　　　　　　　　　　綠辣椒 ... 1 條 - 斜切片

泡菜煎餅（2-3 人份）

泡菜 ... 250g - 切小塊
豬里肌肉 ... 80g - 切條
洋蔥 ... 30g - 切丁
青蔥 ... 100g - 切段
大紅辣椒 ... 1 條 - 斜切片
綠辣椒 ... 1 條 - 斜切片

煎餅沾醬

水 ... 50g
砂糖 ... 50g
醬油 ... 100g
白醋 ... 50g
辣椒粉 ... 5g

芝麻油 ... 15g
蔥花 ... 15g
白芝麻 ... 5g
蒜泥 ... 5g

煎餅麵糊（1 個煎餅的量）

水 ... 100g
中筋麵粉 ... 100g
玉米粉 ... 30g
雞蛋 ... 2 顆

粉類和水的比例為，
水：麵粉 + 玉米粉 = 1：1.3。

示|範|影|片

1. **製作麵糊：**先將麵粉、玉米粉、水、雞蛋混合攪拌後放於一旁備用。

2. **製作海鮮口味：**將材料中的高麗菜絲、洋蔥絲、青蔥段放入碗中，倒入麵糊。

3. 取一平底鍋加入 40-50cc 油，加熱後倒入約 200cc 麵糊（依鍋子大小調整），再鋪上海鮮料（透抽、牡蠣、草蝦、扇貝）以及辣椒片，接著倒入蛋液。**AB**

4. 以小火煎到半熟後翻面，再用鏟子將中間和四周壓平，大火續煎至熟❶後即可裝盤。**CD**

5. **製作泡菜口味：**將材料中的洋蔥丁、青蔥段、泡菜（擠掉水分）❷、豬里肌肉放入碗中，倒入麵糊。再以同樣方式下鍋煎熟即可。

6. **調配沾醬：**將沾醬中的所有材料（醬油、糖、蒜泥、白醋、水、白芝麻、芝麻油、辣椒粉、蔥花）攪拌均勻即可。

7. 將煎餅與沾醬一起搭配食用即完成。由於泡菜煎餅本身就很有味道，不沾醬也很好吃。

Cooking Points

❶ 起鍋前要保持高溫，以免油溫降低，油進入煎餅中，咬起來都是油膩感。

❷ 泡菜含有很多水分，拿出來後先把水擠乾，以免煎餅味道變淡，或過溼不易翻面。

CHEF KAI'S TIPS

如果覺得甩鍋翻面太難，就先把煎餅平行移到大盤子裡，蓋上另一個大盤子後翻面，再移回鍋子裡。

推到盤子上。

蓋上另一個盤子，翻面。

已經酥脆的那面朝上，推回鍋中。

A 將麵糊倒入鍋中。韓式煎餅是用半煎炸製作，油量要多一點，如果油太少會不夠酥。

B 鋪好海鮮料後淋蛋液。如果做的是泡菜口味就不需要淋蛋液，味道不搭。

C 煎到半熟後，鍋底會滋滋作響，這時候就可以翻面。

D 翻面後用鏟子壓一壓，受熱均勻、煎餅變薄，吃起來才會脆。

02

韓式炸雞
양념 치킨

韓式炸雞加啤酒是韓國人最愛的組合，甚至還為此創了一個詞彙「치맥（雞啤）」。但這道韓劇裡常出現的人氣美食，其實是新一代的韓國料理，因為韓國以前油很貴，煎、炒、烤、蒸的方式比較多，比較少有油炸的菜色。

台灣賣的韓式炸雞通常沒有骨頭，覺得要啃不方便。但是在韓國，大部分都是用帶骨雞肉下去炸，現在因為外國人越來越多，才開始有去骨版本。每家炸雞店都有自己的調味，像是電影《雞不可失》裡面的醬油炸雞也很特別。不過最經典的還是洋釀口味，跟其他國家的味道完全不同，也是我這次食譜收錄的口味。我喜歡加入一點咖哩粉的作法，香氣更足夠。

材料
INGREDIENTS
（3-4 人份）

食材

雞腿塊（帶骨）... 1.5kg
小番茄 ... 適量 - 對半切
花生碎 ... 適量
蔥花 ... 適量
白芝麻 ... 適量

醬料

沙拉油 ... 適量
清酒 ... 100cc
蒜末 ... 60g
洋蔥碎 ... 30g
韓式辣椒醬 ... 120g
番茄醬 ... 240g
黑糖 ... 90g
玉米糖漿 ... 250g
泰式甜辣醬 ... 30g
伍斯特醬 ... 25g
草莓醬 ... 75g

醃料

清酒 ... 25cc
咖哩粉 ... 5g
胡椒粉 ... 少許
鹽 ... 少許
水 ... 60g

炸粉

低筋麵粉 ... 75g
玉米粉 ... 75g
咖哩粉 ... 30g
胡椒粉 ... 少許

 **料理步驟**
COOKING STEPS

示|範|影|片

1. 雞腿塊醃之前先清洗過，分次用醃料抓醃❶備用。

2. **製作醬料**：熱鍋下油、清酒、蒜末、洋蔥碎，煮到酒精揮發後，接著加入醬料的其餘材料❷，煮到均勻略稠即可。

3. 將炸粉材料過篩❸，再倒入醃好的雞腿塊中，均勻抓抹沾附一層炸粉❹。

4. 準備一個油溫 160 度的油鍋，以大火炸雞肉 4-5 分鐘❺，待泡泡漸漸變少、肉炸熟後取出瀝油。或是挑最大的一塊肉出來，切開看肉裡沒有紅即可。**AB**

5. 將油鍋加熱，待油溫重新上升到 180 度後，把炸雞放進去炸第二次，炸到表皮顏色金黃，取出。

6. 將起鍋的炸雞趁熱裹上醬料，大約裹至表面覆蓋九成❻即可。盛盤後擺放上準備好的小番茄、花生碎、蔥花、白芝麻即完成。**CD**

Cooking Points

❶ 醃料一邊用手慢慢抓醃，直到肉吸收後再分次加入。

❷ 番茄醬、泰式甜辣醬、草莓醬都是酸酸甜甜，但酸度和層次不同；黑糖和玉米糖漿也都是甜，但甜度和香氣不一樣。透過各種醬料堆疊，讓味道更豐富。

❸ 粉類經由過篩讓空氣進入後，炸出來的口感更好。

❹ 如果時間足夠，可以把沾好炸粉的雞肉冷藏 12 小時再炸，這時候肉汁會出來，炸粉也會緊緊巴住表面，變得更好吃。

❺ 開大火再放雞肉，避免雞肉入鍋後油溫下降。

❻ 醬裹得太多炸雞會不脆。

A 剛下鍋時，表面會浮現很多泡泡。

B 等泡泡變少，夾一塊雞肉出來切開，確認熟度。

C 剛炸好的炸雞，趁熱裹上醬汁。

D 裹到表面九成覆蓋醬汁。

BOX 分辨油溫的方法

將少許麵糊放入油鍋中，根據麵糊沉下去的位置可以判斷油溫。沉到底部才浮起約是 150 度，到達油鍋中間是 160 度，浮在油上則是 180 度。

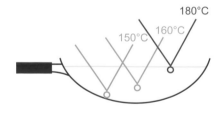

CHEF KAI'S TIPS

• 先做好醬料再炸雞肉，才能趁炸雞熱的時候裹醬，讓醬料沾附上去。

• 醬料做好可以冷藏保存 2-3 週。

• 剩的炸油帶有雞肉香氣，用來炒菜很好吃。冷卻後放冰箱冷藏，可以保存約 2 週。

03

安東燉雞
안동찜닭

安東是韓國的一個地名,「安」在韓文中是「裡面」的意思。據說以前階級高的有錢人住在城的裡面,階級低的農民則住在外面。「安東燉雞」是從城內流傳出來的料理,所以是「裡面的人煮的燉雞」。

早期韓國沒有辣椒,這道菜起初是單純的醬油口味,沒有辣度。本來不是很普遍的菜色,一直到二、三十年前有家餐廳開始做這道菜,才漸漸變得普及。後來因為韓國人愛吃辣,炒的時候會加入薑末、生辣椒或乾辣椒,是一道很適合慢慢燉煮,一邊配酒吃的下酒菜。

食材

雞腿塊 ... 700g
馬鈴薯 ... 300g - 切塊
紅蘿蔔 ... 150g - 切圓片
洋蔥 ... 150g - 切塊
大紅辣椒 ... 20g - 切段
*也可以用乾辣椒增添香氣，
  不吃辣的可不加

乾香菇 ... 30g - 泡水，切塊
韓國冬粉 ... 30g - 泡冷水
青蔥 ... 40g - 切段
薑末 ... 15g
蒜末 ... 30g
水 ... 600cc
白芝麻 ... 適量
蔥段（裝飾用）... 適量

調味料

紅糖 ... 30g
味醂 ... 15g
玉米糖漿 ... 60g
韓國濃醬油 ... 100g
蠔油 ... 60g
芝麻油 ... 15g

料理步驟
COOKING STEPS

示|範|影|片

1. 取鍋下 30cc 油跟辣椒,炒到香氣出來後,放入雞腿塊、薑末、一半的蒜末、馬鈴薯、紅蘿蔔、水、紅糖、味醂、玉米糖漿❶,煮約 10 分鐘到雞肉變熟。

2. 接著加入醬油、洋蔥、香菇、蠔油、另一半的蒜末❷,蓋上鍋蓋再燉煮 20 分鐘。

3. 最後加入韓國冬粉、蔥段、芝麻油後,再稍微煮約 2 分鐘即可起鍋。

4. 擺盤後撒點白芝麻、蔥段點綴即完成。

Cooking Points

❶ 先下甜的調味料讓雞肉煮入味。如果先下醬油,雞肉外層收縮,就無法吸收好吃的味道,而且醬油久煮後醬香就會揮發掉。

❷ 保留一半的蒜末最後下鍋,這樣大蒜的香氣才不會被煮掉。

春川辣炒雞
춘천 닭갈비

春川辣炒雞的起源，是位於韓國東北部的江原道中，一個叫春川的城市。當地畜牧業發達，雞肉便宜，所以雞肉料理很有名。現在不管是台灣還是韓國賣的春川辣炒雞都加了大量的起司和年糕，但其實這是改良過後的作法，比較符合現在年輕人的口味，以前版本沒有，可以自行選擇加不加起司或年糕。

材料
INGREDIENTS
（3-4 人份）

食材

去骨雞腿肉 ... 1 隻半 - 切塊
蒜仁 ... 4 瓣 - 切末
紅蘿蔔 ... 1/2 根 - 切絲
高麗菜 ... 100g - 切粗絲
洋蔥 ... 1 顆 - 切絲
青蔥 ... 1 支 - 切段
薑末 ... 15g　　起司絲 ... 30g
條狀年糕 ... 100g　白芝麻 ... 適量

調味料

韓式辣椒醬 ... 30g
韓國辣椒粉 ... 30g
花生醬 ... 10g
咖哩粉 ... 2g
高湯（可用水取代）... 200cc
醬油 ... 適量
芝麻油 ... 適量

料理步驟
COOKING STEPS

示|範|影|片

1. 熱鍋下 30cc 油、蒜末、薑末炒香，接著放入雞肉、韓國辣椒醬、韓國辣椒粉、花生醬、咖哩粉。

2. 炒到出油後，加入紅蘿蔔絲、高麗菜絲、洋蔥絲、高湯，續炒約 5 分鐘至洋蔥變軟。

3. 接著加入醬油調味，再加入蔥段、芝麻油。

4. 最後加入年糕拌勻，撒上起司絲、白芝麻，蓋鍋蓋燜 2-3 分鐘即完成。

　　台灣韓國料理店幾乎都有的「銅盤烤肉」，其實不是韓國菜。我是土生土長的韓國人，但我 40 年來第一次吃到銅盤烤肉，就是在台灣。我們一般在做韓式烤肉的時候，都是直接放在石板或金屬架上烤，而且很常有桌邊服務幫客人烤，沒有使用銅盤，後來因為大家都覺得「韓式烤肉=銅盤烤肉」，所以我這幾年回韓國時，才發現有些店家開始出現專賣觀光客的「正統」銅盤烤肉，是滿有趣的現象。

05

韓式烤肉拼盤

한식 고기구이

材料
INGREDIENTS
（4-5 人份）

食材

牛肋排 ... 200g
豬五花 ... 200g
雞腿肉 ... 200g
青蔥 ... 100g - 切段
洋蔥 ... 100g - 切段

搭配蔬菜

萵苣 ... 1 顆
芝麻葉 ... 適量
綠辣椒 ... 2 條
蒜片 ... 適量

醬汁

醬油 ... 400cc
砂糖 ... 150g
蒜末 ... 100g
黑胡椒粉 ... 3g
味醂 ... 200cc
蔥花 ... 100g
芝麻油 ... 50cc
白芝麻 ... 20g
韓式辣椒醬 ... 視情況而定

料理步驟
COOKING STEPS

1. 牛肋排橫剖切成片但不切斷，使其變成三倍長度。然後用刀子在肉片上斜切出 45 度的紋路❶，刀紋的深度約至肉的一半位置就好。兩面都切出花紋後，捲成適當大小。**ABCD**

2. 依照相同切法，在豬五花肉上切出 45 度的紋路。**E**

3. **製作醬汁：**把醬油、砂糖、蒜末、黑胡椒粉、味醂、蔥花下鍋煮滾後，加入芝麻油、白芝麻混勻。

4. 取一部分的醬汁跟韓式辣椒醬混合成辣味醬汁。醬汁與韓式辣椒醬的調配比例為 3：1。

5. 取原味醬汁醃牛肉、雞肉 2 小時，並拿辣味醬汁醃豬肉 1 小時❷。醃的時候加入洋蔥段、青蔥段一起用手抓醃。

6. 熱鍋下 30cc 油、醃好的肉類、洋蔥段、青蔥段，待肉煎熟後❸，用剪刀剪成適合吃的大小再盛盤即可。

7. 把烤肉搭配洗淨、去芯的萵苣、芝麻葉、綠辣椒、蒜片等一起食用。

Cooking Points

❶ 在肉片上面劃刀，比較容易入味，也比較快熟。

❷ 豬肉適合做辣味的口味，牛肉則比較適合醬油味。

❸ 烤肉時不要一直翻面，顏色焦糖化很重要，香氣和風味才會好。

A 先將牛肉上半部橫剖成三分之一的厚度。

B 再將下半部也橫剖成三分之一的厚度，變成薄片。

C 在牛肉表面劃斜刀紋（不切斷）。

D 將處理好的牛肉片捲成適當長度。

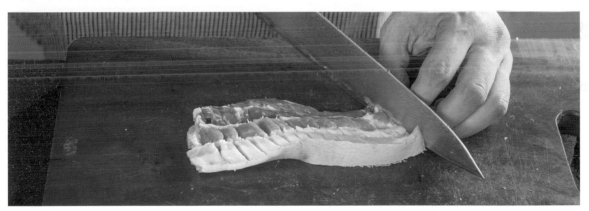

E 在豬肉表面也劃上斜刀紋（不切斷）。

CHEF KAI'S TIPS

肉類用醬汁醃入味後，可以多加一道煙燻的程序再去煎烤，能提升肉的香氣。在鍋中鋪一層鋁箔紙，放入少許黑糖、4片月桂葉、適量迷迭香，接著放上蒸盤，並擺上醃好的肉類。開小火，待煙冒出來後蓋上蓋子，讓肉在鍋裡燻到煙消失，即可取出。

06

馬鈴薯
燉排骨
감자탕

　　韓文的「감자탕」是馬鈴薯湯的意
思，但通常指的就是馬鈴薯燉排骨，也有
人稱為馬鈴薯排骨湯。這道菜韓國人會
做，但比較不是常常在家裡煮的菜，因為
作法雖然不難，卻是需要燉煮比較久的功
夫湯（탕），跟其他湯品著重在湯底比起
來，此道肉與馬鈴薯的軟爛特別重要。但
只要準備好材料，也可以放電鍋煮，
很方便。在韓國，是很多人會在
喝酒之後來一碗的醒酒湯。

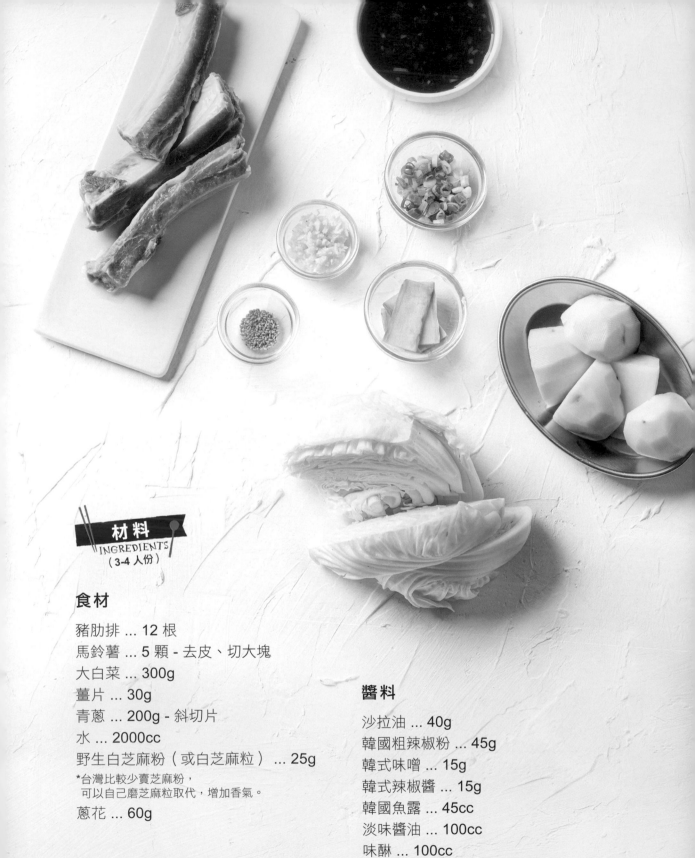

材料

INGREDIENTS
（3-4 人份）

食材

豬肋排 ... 12 根

馬鈴薯 ... 5 顆 - 去皮、切大塊

大白菜 ... 300g

薑片 ... 30g

青蔥 ... 200g - 斜切片

水 ... 2000cc

野生白芝麻粉（或白芝麻粒）... 25g

*台灣比較少賣芝麻粉，
　可以自己磨芝麻粒取代，增加香氣。

蔥花 ... 60g

醬料

沙拉油 ... 40g

韓國粗辣椒粉 ... 45g

韓式味噌 ... 15g

韓式辣椒醬 ... 15g

韓國魚露 ... 45cc

淡味醬油 ... 100cc

味醂 ... 100cc

蒜末 ... 30g

示 | 範 | 影 | 片

1. 將大白菜直切四等分後，下鍋汆燙約 5 分鐘到變得有點軟，即可撈出備用。

2. 豬肋排燙熟❶後，用水洗掉殘留的髒東西。

3. 鍋中下沙拉油、韓國粗辣椒粉煮到辣油浮出來，即顏色與香氣出來（留意不要煮焦），再加入醬料的其他材料（韓式味噌、韓式辣椒醬、韓國魚露、醬油、味醂、蒜末）煮勻。**ABCD**

4. 將煮好的醬料取出一半的量❷，跟大白菜一起炒 2-3 分鐘。

5. 準備一個深鍋，放入豬肋排、去皮馬鈴薯、炒過的大白菜、薑片、蔥片、水，以中小火燉煮 40-60 分鐘（用電鍋煮也可以），煮到豬肉變軟、馬鈴薯變鬆軟即可。

6. 盛盤，撒上白芝麻粉、蔥花即完成。

Cooking Points

❶ 如果時間足夠，豬肋排可事先泡水 2-3 小時再汆燙（台灣氣候熱，建議放冰箱泡水）。

❷ 每個人口味不同，建議先加一半的醬料，煮好後再依喜好調整。

A 在沙拉油中倒入韓國粗辣椒粉。

B 煮到表面浮出辣油。

C 接著加入韓式味噌、韓式辣椒醬、魚露、醬油、味醂、蒜末。

D 攪拌後待其煮滾即可。

082 / 083

07

泡菜燉豬肋排
김치돼지갈비찜

　　這是一道組合韓國兩個主要食材的美食。如果有世界末日，這會是我最後想吃的料理。韓國人喜歡燉帶骨的肉，除了湯頭好，肉質久燉也軟嫩不失嚼勁。泡菜是韓國人家中一定有的食材，在泡菜湯中加入蔬菜與豬肋排，就可以豪華呈現這道菜。泡菜醃 2-3 個月之後，發酵久了變酸就會拿來燉湯。所以我建議用發酵一個月之後的泡菜來做這道菜。

材料
INGREDIENTS
（3-4 人份）

食材

白蘿蔔 ... 200g
　- 切厚片，圓心劃十字
山東大白菜 ... 200g
泡菜 ... 400g
豬肋排 ... 600g
薑片 ... 30g
蒜末 ... 30g
洋蔥 ... 200g - 切大塊
板豆腐 ... 300g - 切片
青蔥 ... 5 支 - 切長段
大紅辣椒 ... 1 條 - 斜切片
綠辣椒 ... 1 條 - 斜切片
白芝麻 ... 適量
水 ... 1500cc（淹過食材的量）

調味料

砂糖 ... 20g　　芝麻油 ... 適量
魚露 ... 20g　　黑胡椒粉 ... 適量

料理步驟
COOKING STEPS

示 | 範 | 影 | 片

CHEF KAI'S TIPS

韓國人做這道菜時全部都是用泡菜，但對台灣人來說可能太辣或太鹹，因此我在配方中加入一些大白菜，也可以依自己喜好的口味調整。

1. 鍋內鋪上白蘿蔔、山東大白菜、泡菜、豬肋排、薑片、蒜末、洋蔥，再加入砂糖、水，蓋上蓋子煮約 1 小時，煮到最後水剩一點點 ❶。

2. 接著加入豆腐、蔥段、魚露、芝麻油、黑胡椒粉、少許的水，蓋上蓋子再煮 8-10 分鐘。

3. 盛盤，點綴上辣椒片、白芝麻即完成。

Cooking Points

❶ 煮到湯汁都吸收到食材裡面後再補水，是燉菜好吃入味的祕訣。

08

生菜包肉&豆腐
두부 돼지고기 보쌈

　　韓國人聚會時很喜歡配肉食。用生菜包烤肉或是水煮切片的肉，配上各式各樣的泡菜與蒜頭、包飯醬、芝麻葉、生菜，堆疊不一樣的口感。把很多食物用新鮮蔬菜葉包起來吃是韓國特有的飲食文化之一，就像把錢包吃到肚子裡一樣可以帶來富貴。大呼過癮的同時，喝下一小杯燒酒。最近也流行加豆腐一起吃，更符合女性的口味，也更清爽健康。很多外國旅客不知道怎麼堆疊食材，包肉與菜的比例大約是 1:3，可以一次吃到很多的蔬菜。

材料
INGREDIENTS
（3-4 人份）

白切豬肉

豬肩肉 ... 500g
水 ... 2000g
韓式味噌 ... 30g
薑 ... 30g
蒜 ... 30g
青蔥 ... 2 支
韓國燒酒或米酒 ... 200g

醃蘿蔔

白蘿蔔 ... 200g - 切絲
紅蘿蔔 ... 50g - 切絲
雪碧汽水 ... 1 罐
鹽 ... 20g

其他食材

大白菜 ... 200g - 切粗絲
板豆腐 ... 500g
洋蔥 ... 100g - 切絲，泡水
韭菜 ... 100g - 切段
*只取綠色部分切段，白色部分太
辣，不適合生吃。
紫色生菜 ... 50g
奶油生菜 ... 50g
蘿美生菜 ... 50g
紅棗（裝飾用） ... 適量
白芝麻 ... 適量
芝麻油 ... 適量
鹽 ... 適量
白蘿蔔絲、紅蘿蔔絲、
韭菜段 ... 自行選用

醬汁

蘋果 ... 100g - 去皮切塊
青蔥 ... 1 支 - 切段
蒜末 ... 10g
洋蔥 ... 100g - 切塊
砂糖 ... 30g
醬油 ... 5g
韓國辣椒粉 ... 45g
韓式辣椒醬 ... 60g
玉米糖漿 ... 30g
雪碧汽水 ... 60g
白醋 ... 80g
芝麻油 ... 5g

料理步驟
COOKING STEPS

示|範|影|片

1. **醃蘿蔔**：將白蘿蔔、紅蘿蔔、汽水❶、鹽拌在一起，靜置備用。

2. **醃大白菜**：將大白菜泡在鹽水裡靜置約 2 小時備用（鹽跟水的比例約 1:10）。

3. **煮白切豬肉**：取一個鍋子，放入煮白切豬肉的所有材料後，先以大火煮 15 分鐘，再轉中火煮 20-30 分鐘，煮的過程中不要蓋蓋子❷。煮到豬肉用筷子插進去會流出透明肉汁即可。

4. **調醬汁**：將白醋、芝麻油以外的所有醬汁食材放入調理機裡打勻後，再加白醋、芝麻油攪拌均勻。

5. 準備一鍋熱水汆燙板豆腐，約燙 2-3 分鐘即可撈起。

6. 準備一個碗，把醃過的蘿蔔絲、大白菜擠乾放入，並加入韭菜、洋蔥、醬汁、芝麻油即可。

7. 把豆腐跟豬肉切成適量大小，再跟所有食材一起擺盤。豆腐、豬肉、生菜放在盤子外側圍一圈，中間放醃蘿蔔絲與大白菜，並撒上白芝麻，最後把紅棗捲片❸點綴在豆腐上。

Cooking Points

❶ 加汽水可以增加甜度，而且比水的味道更有層次。

❷ 不要加蓋煮，豬肉的腥味才會揮發掉。

❸ 紅棗捲片的切法：用刀子沿著籽畫一圈把果肉取下來，然後捲起來切片，就會形成螺旋狀。

CHEF KAI'S TIPS

豬肉煮熟後，泡在煮豬肉的水中放涼至少 30 分鐘，可以讓豬肉更 Q 彈好吃。泡菜要吃之前再拌入醬汁，不然放久會出水 yo！

韓國辣炒豬肉最不一樣的地方就是醬，甜甜辣辣的非常下飯，和辣炒年糕有一點像。因為炒豬肉片的時候加了洋蔥絲，蔬菜的甜度中和了辣度，不太吃辣的人也會忍不住吃個好幾口。如果想要加點海鮮，中卷是不錯的選擇，有些餐館也會這樣子製作。

材料
INGREDIENTS
（2-3 人份）

食材

豬肩肉 ... 500g - 切片
蒜末 ... 30g
青蔥 ... 100g - 切段
洋蔥 ... 200g - 切條
大紅辣椒、綠辣椒
　 ... 共 6 條 - 斜切片
白芝麻 ... 5g
生菜（裝飾用）... 少許

調味料

韓式辣椒醬 ... 60g
韓國辣椒粉 ... 10g
砂糖 ... 20g
玉米糖漿 ... 15g
米酒 ... 30g
蠔油 ... 20g
醬油 ... 10g
黑胡椒粉 ... 少許
芝麻油 ... 15g

料理步驟
COOKING STEPS

示I範I影I片

1. 將豬肉加入辣椒醬、辣椒粉、砂糖、玉米糖漿、米酒、蠔油、醬油、黑胡椒粉、蒜末、青蔥、洋蔥，醃漬 1 小時以上❶。

2. 熱鍋加 30cc 油，放入醃好的豬肉，拌炒 3-5 分鐘❷。

3. 再加入辣椒片拌炒 1 分鐘左右後，加入芝麻油拌勻後關火❸。

4. 盛盤後撒上白芝麻，可以搭配沙拉萵苣等生菜一起吃。

Cooking Points

❶ 先醃好靜置冰箱一晚，會更入味。

❷ 炒的時候要用中大火，蔬菜也不用炒太久，才不會出水。

❸ 芝麻油關火前再拌入，比較香。

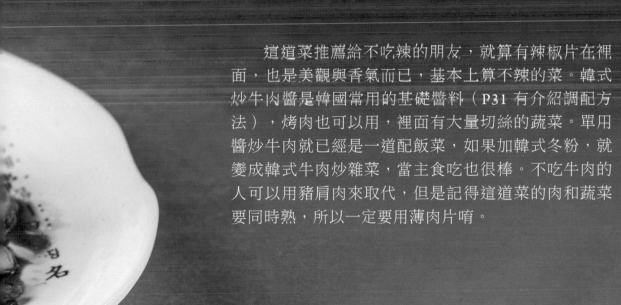

10

韓式炒牛肉
불고기

　　這道菜推薦給不吃辣的朋友，就算有辣椒片在裡面，也是美觀與香氣而已，基本上算不辣的菜。韓式炒牛肉醬是韓國常用的基礎醬料（P31 有介紹調配方法），烤肉也可以用，裡面有大量切絲的蔬菜。單用醬炒牛肉就已經是一道配飯菜，如果加韓式冬粉，就變成韓式牛肉炒雜菜，當主食吃也很棒。不吃牛肉的人可以用豬肩肉來取代，但是記得這道菜的肉和蔬菜要同時熟，所以一定要用薄肉片唷。

材料
INGREDIENTS
（1-2 人份）

食材

牛肉片（也可用豬肉）... 200g

高麗菜 ... 80g - 切粗絲

洋蔥 ... 50g - 切絲

紅蘿蔔 ... 30g - 切片

青蔥 ... 30g - 斜切段

綠辣椒 ... 1 條 - 斜切片

大紅辣椒 ... 1 條 - 斜切片

蒜末 ... 30g

調味料

韓式炒牛肉醬 ... 80g

→作法請參考 P31

芝麻油 ... 適量

A 鍋中倒油，熱鍋後放入蒜末和肉片，將肉片撥開，不翻炒。

B 煎到肉片像上圖一樣上色後，翻面，煎到另一面也上色。

C 放入高麗菜絲、洋蔥絲、紅蘿蔔片拌炒。

D 轉大火後，加入蔥段、辣椒片和芝麻油，快速拌炒均勻。

料理步驟 COOKING STEPS

1. 將牛肉片用韓式炒牛肉醬醃漬 5 分鐘。

2. 鍋裡倒入30cc油燒熱後，加入蒜末炒香，再放入醃好的肉片。將肉片一片片撥開，不需要翻炒，煎到顏色出來❶後再翻面。**AB**

3. 等到肉片兩面都上色後，轉中火，放入高麗菜絲、洋蔥絲、紅蘿蔔片拌炒，炒約 1-2 分鐘至蔬菜出水、變軟。**C**

4. 接著轉大火，加入青蔥段、辣椒片、芝麻油，拌炒均勻即完成。**D**

Cooking Points

❶ 肉片要有好看的色澤，第一是入鍋前的油溫要夠高，第二是下鍋後不要一直翻炒，才煎得出顏色。

韓式糖醋肉
한국식 탕수육

　　雖然都是糖醋肉,但韓國和中國的版本完全不一樣。韓國人比較喜歡酥脆的口感,不會在煮的時候就加糖醋醬料,而是煮好後才拌在一起,這樣外皮還是脆脆的,吃起來有點像台灣宜蘭的「卜肉」。甚至在韓國還會分成「沾派」、「淋派」兩種吃法,有些人煮好後淋上去拌一拌,有些人是把糖醋醬料當成沾醬,要吃的時候再沾。

材料
INGREDIENTS
（1-2 人份）

食材
豬里肌肉 ... 200g
- 切粗條

醃料
白胡椒粉 ... 適量

粉漿
地瓜粉 ... 30g
玉米粉 ... 30g
水 ... 40cc
油 ... 30cc

糖醋醬料
紅蘿蔔 ... 30g - 切片
小黃瓜 ... 30g - 切圓片
洋蔥 ... 20g - 切片
黑木耳 ... 30g
松子 ... 30g
罐頭鳳梨或蘋果 ... 30g
*可增強酸甜感與果香，可自行選用
水 ... 300cc
砂糖 ... 100g

白醋 ... 45g
醬油 ... 25g
番茄醬 ... 30g
玉米粉水（勾芡用）... 適量

玉米粉：水 = 1：2

示 | 範 | 影 | 片

1. 把豬里肌肉條與白胡椒粉拌勻醃漬。

2. **調製粉漿**：地瓜粉、玉米粉與水混合後，加入油攪拌**❶**。再把肉條放入粉漿中拌勻。

3. 起一個油鍋加熱到 160 度，放入豬里肌肉條油炸約 2-3 分鐘，炸熟後撈起。**ABC**

4. 待油溫升到 180 度，把肉條再次回炸約 30-60 秒至上色後撈起備用**❷**。**DE**

5. **製作醬料**：把水、砂糖、白醋、醬油、番茄醬、紅蘿蔔、小黃瓜、洋蔥、黑木耳、鳳梨（或蘋果）放入鍋中一起煮，水滾後就倒入玉米粉水勾芡**❸**，再加入松子。**F**

6. 最後把炸肉條放入醬料中，或是把醬料淋在炸肉條上即完成，也可以把醬料另外盛裝當沾醬。**GH**

Cooking Points

❶ 粉漿裡加一點油，炸出來的口感更酥脆。

❷ 肉條要炸兩次，第一次用 160 度炸熟，第二次用 180 度炸出脆度。不能光用高溫炸，會焦掉。

❸ 醬料不要煮太久，滾了之後就可以勾芡並放入炸肉條，否則蔬菜會變色，醋味也會消失。

CHEF KAI'S TIPS

辨識油炸溫度的方法，請參考 P68「韓式炸雞」中的 BOX。

A 將豬里肌肉條放入 160 度的油鍋中，放入後會冒出很多的泡泡。

B 炸 2-3 分鐘後，泡泡開始減少，此時取出一條切開，確認有沒有熟。

C　待熟透後撈起，先放在餐巾紙上備用。

D　油溫升高後，再一次將豬里肌肉條放入油鍋中。

E　炸 30-60 秒後撈起。回炸後的口感會更酥脆。

F　將醬料的材料放入鍋中煮滾後，加入玉米粉水和松子。

G　將醬料淋到炸好的豬里肌肉條上即完成。

H　糖醋肉的醬料可以直接淋上，或是放在旁邊當沾料沾著吃。

12

辣燉海鮮
매운 해물찜

　　看到韓劇《식샤를합시다（一起吃飯吧）》裡的女主角把辣燉海鮮吃得很美味，我也陸續收到粉絲的點菜與貼圖，說想學做這道菜。這道菜並不是家裡常見的菜，大多是要到專門餐廳才能吃到，因為海鮮在特定地點採買才新鮮。但是如果是特別的日子，這道菜就很適合，畢竟海鮮並不便宜。韓國海港有很多螃蟹與大章魚，台灣大章魚取得不易，大家可以用章魚腳或是中卷取代。

食材

中卷 ... 1 隻
 - 去外皮切斜片，表面劃刀
蝦 ... 8 隻 - 開背去腸泥
蛤蜊 ... 300g
鯛魚（或石斑）... 150g - 切片
花蟹（或沙公）... 2 隻
豆芽菜 ... 300g
芹菜 ... 50g - 切段
青蔥 ... 100g - 切段
蔥末（白色部分）... 10g
蔥末（綠色部分）... 20g
蒜末 ... 20g
昆布 ... 5g

大紅辣椒（裝飾用）
 ... 1 條 - 斜切片
綠辣椒（裝飾用）
 ... 1 條 - 斜切片
水 ... 500g
白芝麻 ... 5g

中卷要先去除外皮。

調味料

韓國粗辣椒粉 ... 20g
味醂 ... 30g
醬油 ... 10g
蠔油 ... 30g
砂糖 ... 15g
白胡椒粉 ... 3g
玉米粉水 ... 45g
芝麻油 ... 15g

玉米粉：水 = 1：2

1. 螃蟹（已去除內臟）要用刷子洗乾淨，且拔開殼後，先將腹部三角形的交尾器去掉，切對半後再切小塊，並敲開蟹螯。**ABC**

2. 豆芽菜用熱水先煮 3 分鐘後撈起備用。煮的時候要蓋鍋蓋，煮好不用沖冷水。

3. 鍋中倒入水，接著把螃蟹、蛤蜊、鯛魚、蒜末、蔥末、昆布放入，蓋鍋蓋煮 3 分鐘。

4. 檢查螃蟹熟了之後，再加入蝦子、辣椒粉、味醂、蠔油、醬油、砂糖、白胡椒粉、豆芽菜、芹菜、蔥段，並加入玉米粉水勾芡。

5. 最後加入中卷、辣椒片煮熟，淋上芝麻油、撒白芝麻即完成。

A 先將螃蟹從中間剖成兩半。

B 將蟹螯和蟹腳分開來。

C 用刀背敲碎蟹螯的殼。

 處理螃蟹的方法

建議購買時請攤販協助處理螃蟹，如果買到未處理的螃蟹，
需先去除下列內臟後再食用。

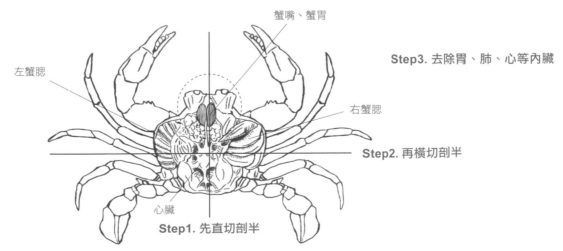

蟹嘴、蟹胃

左蟹腮

右蟹腮

心臟

Step3. 去除胃、肺、心等內臟

Step2. 再橫切剖半

Step1. 先直切剖半

CHAPTER

2

正 / 統 / 韓 / 系

主 食

분 식

01

紫菜飯捲
김밥

　　韓國的紫菜飯捲長得和日本壽司很像，卻是完全不同的風味。日本壽司用的是放涼的醋飯；紫菜飯捲用的是剛煮好的熱飯，趁飯還熱的時候加入鹽和香氣濃郁的芝麻油，並開始捲飯捲。裡面的餡料通常是蔬菜、炒或烤肉、魚板等，不會放生的海鮮，因為方便攜帶，很適合在戶外或是野餐的時候吃。

材料

INGREDIENTS

（3-4 人份）

飯捲材料

熱飯 ... 600g

白芝麻 ... 30g

鹽 ... 10g（依口味調整）

芝麻油 ... 30g

大片海苔 ... 4 張

餡料 *我做 4 個口味，選自己喜歡的餡料就好

紅蘿蔔 ... 1 根 - 切長絲

菠菜 ... 200g - 切長段

韓國魚板 ... 200g - 切長條

火腿 ... 200g - 切長條

醃黃蘿蔔 ... 200g - 切長條

小黃瓜 ... 2 條 - 切長條

*去除中間的籽，否則水分多，
　飯捲容易爛

香菇 ... 30g - 切片

韭菜 ... 30g - 切長段

雞蛋 ... 30g

泡菜 ... 50g

芝麻葉（或紫蘇葉）... 4 片

豬肉片 ... 50g

*先用韓式炒牛肉醬醃過
　（作法請參考 P31）

芝麻油 ... 適量

BOX

把小黃瓜的苦味
變不見

小黃瓜表面凸凸的刺會苦。先在小黃瓜表面撒大量的鹽，然後用手把
小黃瓜來回滾一滾、搓一搓再洗乾淨就可以去除，不需要削皮。

傳統口味　　泡菜口味　　豬肉口味　　素食口味

示｜範｜影｜片

1. 白芝麻用雙手或菜刀稍微壓碎❶，放入熱飯中，再加入鹽、芝麻油，整體攪拌均勻。**A**

2. 熱鍋下 10cc 芝麻油，分次放入紅蘿蔔絲、菠菜、香菇片、韭菜，炒熟後分別撈起備用（紅蘿蔔生吃也可以）。魚板、火腿直接下乾鍋翻炒（魚板也可以不加熱）。

3. 熱鍋下 10cc 油，倒入打勻的蛋液，煎成薄片後起鍋切條備用。

4. 把醃過的豬肉片放入熱鍋中炒熟後撈起備用。

5. 把所有配料備齊後，開始捲飯捲。竹簾上鋪保鮮膜，接著在海苔上（亮面朝下）鋪上步驟 1 的飯。海苔上方約 1/5 不鋪飯，然後在前端和四角多鋪一些飯❷。**BCD**

6. 從飯的中間開始鋪各種料，鋪上料後捲起來。**EF**
示範的飯捲總共有四種口味：
(1) 傳統口味：魚板＋煎蛋＋菠菜＋紅蘿蔔＋醃黃蘿蔔＋小黃瓜
(2) 泡菜口味：泡菜＋火腿＋紫蘇葉／芝麻葉❸＋紅蘿蔔＋醃黃蘿蔔＋小黃瓜
(3) 豬肉口味：炒豬肉片＋煎蛋＋紅蘿蔔＋醃黃蘿蔔＋小黃瓜
(4) 素食口味：菠菜＋香菇＋韭菜＋紅蘿蔔＋醃黃蘿蔔＋小黃瓜

7. 捲起來後，把飯捲一端對齊竹簾，將跑出來的餡料稍微壓進去。另一端也用同樣方式整理乾淨。最後在表面抹上芝麻油即完成。**GH**

Cooking Points

❶ 白芝麻先壓碎再拌入，是為了讓香氣更濃。

❷ 這樣捲好後的形狀會比較均勻，不會邊邊沒有飯，且比較緊實不會鬆掉。

❸ 韓國芝麻葉在台灣不好買（有季節限定），如果連紫蘇葉也買不到，就不用放。

CHEF KAI'S TIPS

• 飯捲可以直接整條拿起來吃，或是切片再吃。切的時候，刀子要夠利，刀子上面抹芝麻油，會更好切。

• 紫菜飯捲的材料比較多元，建議做好後2-3小時內吃完，不要隔餐食用，尤其台灣天氣熱，放久容易壞。

• 捲的時候不要一直壓飯捲，怕捲起來不好看，而且飯會被壓爛，口感不好。

A　將壓碎的白芝麻、鹽、芝麻油混入白飯中。

B　將調味好的白飯鋪到海苔上（不亮的那一面）。

C 將白飯均勻鋪平。

D 在前端和四個角多鋪一點飯。

E 將準備好的配料鋪到白飯上。

F 從靠近身體一側往前捲起來。

G 捲好後將飯捲的邊緣對齊竹簾邊緣。

H 將凸出來的飯壓進去,讓邊緣變得平整。兩端都
壓平後切片就完成了。

02

石鍋拌飯
돌솥비빔밥

石鍋拌飯的韓文中，**돌솥**是石鍋的意思，**비빔밥**則是拌飯。如果沒有用石鍋盛裝，一般就稱為拌飯（**비빔밥**）。拌飯是韓國最具代表性的料理之一。

韓國的拌飯有很多種類，台灣的韓式拌飯大部分是熱的，但在韓國也常出現溫冷的拌飯（料是冷的飯是熱的）。不只這樣，每個地區的拌飯也具有當地的特色，海鮮有名的地方有海鮮拌飯，牛肉有名的地方就是牛肉拌飯。但它們共同的特色，就是會放入大量的蔬菜，再加上白飯、辣椒醬、芝麻油、醬油。裡面的蔬菜用汆燙的、炒的或生的都可以，沒有特定種類，但儘量挑選多一點顏色的蔬菜，並切成方便攪拌的細絲狀。

拌飯的時候用筷子拌，才不會壓壞米的口感，也不會破壞蔬菜。先把石鍋周遭和底部的鍋粑翻上來，讓整碗飯的顏色、味道均勻，最後再用湯匙吃，才是道地的吃法。

材料
INGREDIENTS

食材（1 人份）

熱飯 ... 150g
豆芽菜 ... 50g
菠菜 ... 50g - 切段
綠櫛瓜 ... 50g - 切絲
黃櫛瓜 ... 50g - 切絲
紅蘿蔔 ... 50g - 切絲
白蘿蔔 ... 50g - 切絲
雞蛋 ... 3 顆 - 蛋白、蛋黃分開

蒜末 ... 適量
芝麻油 ... 適量
玉米粉 ... 3g
白芝麻 ... 適量

辣肉醬（2-3 碗的量）

牛絞肉 ... 50g
洋蔥 ... 25g - 切末
蒜末 ... 5g   砂糖 ... 15g
蔥花 ... 10g   韓式辣椒醬 ... 45g
白胡椒 ... 少許   芝麻油 ... 5g

A 用餐巾紙在鍋底均勻抹一層薄油。

B 平均鋪散蛋黃液，小火煎出蛋黃片。

C 依相同步驟，小火煎出蛋白片。

D 將煎好的蛋片，捲起來切絲。

料理步驟
COOKING STEPS

1. 煎黃色蛋皮。鍋面用餐巾紙均勻抹上薄油，中火熱鍋，接著轉小火後倒入拌勻的蛋黃液❶，轉動鍋子使其擴散成薄片，煎到四周乾、中間略濕後翻面，關火用餘熱稍微煎一下即可起鍋。**AB**

2. 煎白色蛋皮。蛋白液中加入少許玉米粉拌勻❷，然後過篩（這樣才不會出現氣泡），煎法同步驟 1，中火熱鍋後轉小火下蛋白液，轉動鍋子使蛋白液擴散成薄片，煎到四周乾中間略濕時翻面，關火用餘熱稍微煎一下即可起鍋。**C**

3. 把黃色、白色蛋皮捲起來，切成細絲狀。**DE**

E 完成蛋黃絲和蛋白絲。

Cooking Points

❶ 留意火候不要太高，否則蛋液倒下去後會產生氣泡。

❷ 攪拌蛋白時用筷子上下拌，不要大力攪動，以免空氣跑進去。

示|範|影|片

4. 準備一鍋滾水，放入豆芽菜後立刻蓋鍋蓋 ❸，燙煮大約 1 分鐘後撈出瀝乾水分備用。

5. 鍋子下適量的油、蒜末炒香，再加入綠櫛瓜，炒軟後加入芝麻油拌炒起鍋備用。

6. 依照同樣步驟，熱鍋下適量的油、蒜末炒香後，分別放入黃櫛瓜、紅蘿蔔、白蘿蔔、菠菜炒軟後，加入芝麻油拌炒起鍋備用。

7. **製作辣肉醬：**鍋子下適量的油、洋蔥、蒜末、蔥花炒香後，接著加入牛絞肉、白胡椒、砂糖、韓式辣椒醬、芝麻油拌炒均勻。**FG**

8. 石鍋加熱後，用餐巾紙抹上一點芝麻油 ❹，然後取一個小碗也抹一點芝麻油再裝飯，接著把飯倒進石鍋，在飯上擺放綠櫛瓜、黃櫛瓜、紅蘿蔔、白蘿蔔跟菠菜，最後放上辣肉醬跟蛋絲，撒上芝麻，聽到滋滋聲且冒煙就表示完成了。**HI**

Cooking Points

❸ 氽燙豆芽菜時記得加蓋，否則會有生味。

❹ 石鍋抹上芝麻油後，要加熱到有點起煙時再下白飯，白飯底部才會有脆脆的鍋粑。

F 將洋蔥、蒜末、蔥花和牛絞肉炒香。

G 下辣椒醬等調味料拌炒。

H 石鍋要先加熱，並抹上芝麻油。

I 放入白飯（底部會形成鍋巴）。

CHEF KAI'S TIPS

• 拌飯的辣肉醬可以冰 1 個月，一次多做一點保存起來，要用時就很
  方便。

• 石鍋的韓味十足，但如果在家不方便加熱石鍋，也可以用不銹鋼碗
  做成一般拌飯，只是少了鍋粑味與口感。

• 避免使用水分多的蔬菜，像番茄、絲瓜，以免出水過多口感不佳。

 忠武飯捲
충무 김밥

忠武飯捲是以前漁夫出海捕魚時帶的食物。一般飯捲中間會包餡料,但考量到出海時間長容易腐壞,所以做成沒有餡料的版本攜帶,方便保存,後來演變成著名的當地小吃。

材料
INGREDIENTS
(1-2 人份)

食材
白蘿蔔 ... 200g - 切長條
中卷 ... 1 隻(約 150g)
熱飯 ... 300g
海苔 ... 4 張
蔥花 ... 15g
白芝麻 ... 適量

調味料
砂糖 ... 50g
白醋 ... 50g
水 ... 100g
鹽 ... 1-2g
芝麻油 ... 2-3g

醬汁
韓國細辣椒粉 ... 8g
醬油 ... 20g
芝麻油 ... 8g
蒜末 ... 15g

蔥花 ... 15g
砂糖 ... 10g
玉米糖漿 ... 20g
黑芝麻 ... 5g

示｜範｜影｜片

料理步驟
COOKING STEPS

1. 將白蘿蔔先用砂糖抓醃到出水，砂糖已融化在水裡後，再加白醋跟水醃漬至少 30 分鐘❶。糖：醋：水的比例為 1：1：2。

2. 將所有醬汁的材料全部拌在一起混勻。

3. 煮　鍋水，加點鹽後加入中卷，連皮稍微汆燙❷後放到冷水中冷卻，再切成細條狀，約同白蘿蔔的長度，備用。**A**

4. 把白蘿蔔的水抓乾，跟醬汁、中卷還有蔥花（保留少許，最後裝飾用）一起拌勻。**BC**

5. 煮好的白飯❸加入適量的鹽、芝麻油、白芝麻拌勻，備用。

6. 海苔切成 1/4 大小，把調味好的飯鋪到海苔上約 3/4 滿，捲成細長條狀。一捲約重 40g。**DE**

7. 將飯捲跟拌好的蘿蔔中卷泡菜一起盛盤，最後在飯捲上淋剩下的芝麻油，撒上些許白芝麻和剩下的蔥花即完成。

Cooking Points

❶ 冬天的蘿蔔比較辣，建議醃 1 小時以上。醃過後放冰箱可保存 1 個月。

❷ 中卷帶皮吃比較 Q，建議整隻下鍋後汆燙。過程中不要移動，以免外皮破掉。

❸ 煮飯的時候，米跟水的比例約 1:0.9，煮好後趁熱拌勻調味料，才會均勻入味。

A

B

C

D

E

韓式炸醬麵
한국식 자장면

　　這道菜是我老婆妙麗到韓國第一個指定菜色，而且我們還特別問哪裡有外送，因為想看外送的鐵盒子，想起來還蠻好笑的。外送的炸醬麵在韓國很習以為常，而且一定要附上醃黃蘿蔔。炸醬麵在韓國是屬於中國料理，大多跟其他麵點類一起賣，像是蒸餃或是炸餃，以及糖醋肉。韓國的炸醬（椿醬）是以黑豆為基底，通常都是工廠大量製造現成的（台灣也買得到），不太會自己在家做醬，所以都是買一包一包自己回家炒香，味道跟我在台灣吃的炸醬完全不一樣。

材料
INGREDIENTS
（1-2 人份）

食材

豬五花 ... 200g - 切丁
馬鈴薯 ... 200g - 切塊
高麗菜 ... 200g - 切塊
洋蔥 ... 300g - 切塊
綠櫛瓜 ... 200g - 切塊
青蔥 ... 100g - 切段
蒜末 ... 50g
薑末 ... 25g

細麵 ... 200g - 滾水煮熟
*選擇彈性好的手打麵或手切細麵
小黃瓜 ... 40g - 切絲
水煮蛋 ... 半顆
白芝麻 ... 適量

調味料

油（炒椿醬用）... 200cc
韓國椿醬 ... 100g
砂糖 ... 40g
水 ... 350cc
醬油 ... 20cc（依喜好調整）
蠔油 ... 40cc（依喜好調整）
玉米粉水 ... 40cc ⎤
芝麻油 ... 少許 ⎦

玉米粉：水 = 1：2

1. 冷鍋下油、韓國椿醬，開小火開始炒醬❶，不停攪拌炒 10 分鐘，炒到起小泡泡、黏稠，起鍋備用。**AB**

2. 同鍋下一點炒醬的油、蒜末、薑末、蔥段爆香，再下豬五花炒到上色。**C**

3. 接著加入馬鈴薯、高麗菜、洋蔥、櫛瓜，大火炒到馬鈴薯表面變半透明❷後，先將蔬菜撥到旁邊，改中小火下砂糖翻炒，炒到有焦糖香氣❸後再下步驟 1 的炒醬、水、醬油、蠔油，滾煮 15 分鐘。**DE**

4. 煮到蔬菜熟❹即可，起鍋前分次下玉米粉水勾薄芡，再淋上芝麻油提味。**F**

5. 盛盤，搭配煮好的麵、水煮蛋、小黃瓜絲、白芝麻即完成。

Cooking Points

❶ 炒醬時火力不能太大，因為韓國椿醬裡有焦糖，容易焦掉。

❷ 炒蔬菜的時候用大火，才不會出太多水。

❸ 這個步驟很重要，糖要炒到焦糖色（如圖 D）才有香味，甜度也不一樣 yo。

❹ 測試熟度：找一塊大的馬鈴薯，如果湯匙可以輕易切開就 OK。

CHEF KAI'S TIPS

• 炸醬也可以搭配白飯，把水煮蛋換成太陽蛋（味道比較搭），擺上小黃瓜絲、白芝麻，做成炸醬飯。

• 如果要做海鮮炸醬麵，因為海鮮不耐久煮，可以減掉食材裡的水，以及馬鈴薯、櫛瓜等需要燉煮的食材，在炒醬後放入蝦子、中卷、海參等炒熟即可。

A 在冷鍋中倒入大量的油和椿醬。

B 用小火慢慢翻炒，直到整體變得黏稠為止。

C 用炒醬的油煸炒蒜末、薑末、蔥段，香氣出來後加入豬五花拌炒。

D 放入蔬菜大火炒勻後推到旁邊，下砂糖，炒到有點焦糖色。

E 接著下炒醬、水、醬油、蠔油拌勻後煮滾。

F 燉煮 15 分鐘到蔬菜熟透後，以玉米粉水勾芡、淋芝麻油。

拌拌麵
한국식 비빔면

　　這款冷麵比較類似咸興冷麵的作法，但是拌拌麵家裡比較常做。在台灣大家習慣涼麵夏天吃，但在韓國卻是冬天很常吃的料理，除了因為韓國有「以寒治寒，以熱治熱」的觀念外，跟蕎麥收穫的季節也有關係。蕎麥適合生長在寒冷的天氣裡，所以會在秋冬收成，也因為這樣，秋冬季時用蕎麥做成的冷麵特別多。不過不一定要用韓國的蕎麥麵或冷麵來做，用白細麵也可以，比較符合台灣人的口味，也方便取得。

材料
INGREDIENTS

食材（1人份）

韓國冷麵 ... 200g

雞蛋 ... 1 顆

花枝 ... 100g - 切塊

梨子 ... 30g - 切細條
*水梨切好後泡糖水，減少氧
 化變色。

芝麻油 ... 5g

白芝麻 ... 3g

醃白蘿蔔 & 小黃瓜

白蘿蔔 ... 100g
            - 切長形薄片

小黃瓜 ... 1 條
            - 切長形薄片

鹽 ... 10g

白醋 ... 20g

砂糖 ... 20g

辣椒粉 ... 5g

芝麻油 ... 5cc

醬料（4-5 碗的量）

蘋果 ... 100g
            - 去皮，切細末

青蔥 ... 1 支 - 切細末

蒜末 ... 10g

洋蔥 ... 100g - 切細末

砂糖 ... 30g

醬油 ... 5g

韓國辣椒粉 ... 45g

韓式辣椒醬 ... 60g

玉米糖漿 ... 30g

雪碧汽水 ... 60g

白醋 ... 80g

芝麻油 ... 5g

料理步驟
COOKING STEPS

示 | 範 | 影 | 片

1. 準備一鍋滾水，雞蛋滾水煮 12-15 分鐘至全熟；花枝燙熟；冷麵煮 2-3 分鐘煮熟後泡冰塊水❶，再取出瀝乾。

2. 將醬料的所有材料攪拌均勻。

3. 白蘿蔔、小黃瓜分別加鹽抓醃，靜置 5 分鐘後擠掉水分，白蘿蔔再加上白醋、砂糖、辣椒粉、芝麻油拌勻。

4. 將冷麵加上步驟 2 的醬料攪拌均勻，再淋上芝麻油。

5. 最後把冷麵盛盤，擺上水煮蛋、梨子、醃白蘿蔔、醃小黃瓜、花枝❷，撒上白芝麻即完成。

Cooking Points

❶ 麵煮好後用冷水把滑滑黏黏的外層洗一洗，再放入冰塊水中，麵條才會好吃（撈出後要擠乾水分）。

❷ 拌拌麵的配料可以自由選用喜歡的海鮮、肉類或蔬菜。

CHEF KAI'S TIPS

• 這款醬料完成後靜置一兩天再使用會更好吃，放冰箱冷藏可以保存 1 個月。

• 先吃雞蛋再吃麵，可以保護胃部不被辣到。

湯冷麵

물냉면

　　韓國有幾種不一樣的冷麵，像是平壤冷麵，主要是用蕎麥麵或是小麥加馬鈴薯製成的麵條比較不硬；而咸興冷麵的麵條中地瓜粉與馬鈴薯粉比例較高，口感很難咬斷、很Q，沒有湯也可以加入海鮮做成冷拌麵。這次我並沒有教學這兩種，因為考量到大家煮麵就是想要短時間準備好，很少人願意花時間熬湯底。而且韓國蕎麥麵真的很有嚼勁，很難咬斷，所以我都替換成台灣可以買到的白細麵，並且用很好買的海帶芽來做快速湯冷麵，以及教大家快速醃蘿蔔，用家裡的調味料調配出爽口的湯底。

材料 INGREDIENTS
（1 人份）

食材

韓國細麵 ... 150g

小黃瓜 ... 150g - 切絲

紅蘿蔔 ... 50g - 切絲

乾燥海帶芽 ... 20g
- 泡水 4-5 分鐘後取出備用

蔥白 ... 30g - 切蔥花

白芝麻 ... 3g

洋蔥 ... 100g - 切絲，泡水（去辣度）

大紅辣椒 ... 1 條 - 斜切片

綠辣椒 ... 1 條 - 斜切片

調味料

醬油 ... 15g

砂糖 ... 60g

白醋 ... 90g

鹽 ... 15g

芝麻油 ... 10g

水 ... 600g

視喜歡的酸度調整。換成水果醋味道更好，但如果太甜，糖就要相對減少。

料理步驟 COOKING STEPS

1. 準備一鍋滾水，麵下鍋煮 2-3 分鐘，煮好後撈起，放到冰塊水裡冰鎮，然後把水倒掉、再重加一次水，重複此動作 2-3 次，最後把麵泡在冰塊水裡備用。

2. 把醬油、砂糖、白醋、水拌勻後，再加入鹽、芝麻油、小黃瓜、紅蘿蔔、海帶芽、蔥白、白芝麻跟適量冰塊❶，浸泡 15 分鐘。

3. 把麵的水分用手擠乾後，放入步驟 2 的冷湯中，最後加入洋蔥絲、辣椒片點綴即完成。

示｜範｜影｜片

Cooking Points

❶ 冰塊不要放太多，以免影響味道變太淡。

CHEF KAI'S TIPS

• 漂亮的擺盤技巧：把麵旋轉一圈成立體的圓圈狀再放到碗中央，擺上洋蔥、淋上冷湯，冷湯不要蓋過麵，最後把紅綠辣椒放在麵上方點綴。

• 如果想用韓國冷麵，煮法跟煮白細麵一樣，也是要用冷水洗過、泡冰塊水裡備用yo！

韓國的料理上菜時，一定要有陪襯的配菜，顏色的搭配也很講究，這樣整體性才會有韓菜的感覺。所以炸餃與蒸餃我都搭配了一些蔬菜、高麗菜絲與海苔，讓大家能夾著吃。韓國的餃子中最常見的，是把泡菜還有韓國冬粉剪短包進去，且炸餃的形狀一般來說比較長形，蒸餃則有元寶形（兩角拉起黏合）。韓國的炸餃是真的油炸，並不是煎炸的方式，所以外皮很酥脆哦。

餃子皮

市售餃子皮 ... 30-35 片

泡菜口味內餡

韓國冬粉 ... 70g - 剪小段
泡菜 ... 100g - 切小丁
豆芽菜 ... 50g - 對半切
大白菜 ... 50g - 切小丁
豆腐 ... 50g
蒜末 ... 10g
黑胡椒 ... 少許
醬油 ... 5g
芝麻油 ... 5g
*喜歡吃肉的人，
可以加 150g 豬絞肉

豬肉口味內餡

韓國冬粉 ... 50g - 剪小段
豬絞肉 ... 150g
韭菜 ... 30g - 切末
大白菜 ... 80g - 切小丁
豆腐 ... 100g
薑末 ... 10g
蒜末 ... 5g
醬油 ... 10g
鹽 ... 3g
黑胡椒 ... 2g
味醂 ... 5g
芝麻油 ... 10g

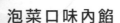

炸餃辣醬

韓式辣椒醬 ... 30g
韓國粗辣椒粉 ... 5g
砂糖 ... 15g
玉米糖漿 ... 15g
白醋 ... 30g
醬油 ... 15g
芝麻油 ... 5g
白芝麻 ... 2g

蒸餃沾醬

醬油 ... 30g
水 ... 15g
白醋 ... 15g
砂糖 ... 15g
蒜末 ... 5g
蔥花 ... 10g

配菜

小黃瓜 ... 1 條 - 切絲
紅蘿蔔 ... 100g - 切絲
紅甜椒 ... 100g - 切絲
洋蔥 ... 50g - 切絲
高麗菜 ... 200g - 切絲
白芝麻 ... 2g

**自己做 Q 彈
餃子皮**

中筋麵粉 … 300g
水 … 150cc
鹽 … 5g

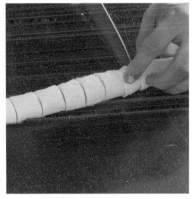

1　將麵粉、鹽倒在桌面上，堆成
　一個有凹槽的小山狀，將水從
　凹槽中倒入。

2　用手混合並搓揉均勻成麵團，
　靜置至少 1 小時。

3　把麵團滾成長條狀後，用刀子
　分切成小塊。

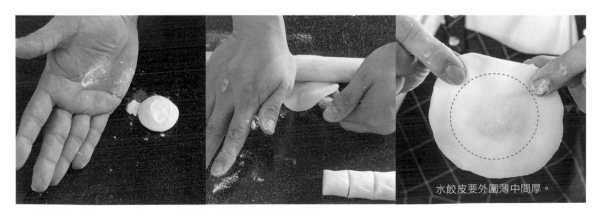

水餃皮要外圍薄中間厚。

4　用手掌把小麵團壓扁，再用擀麵棍擀成外薄中厚的麵皮。

料理步驟
COOKING STEPS

示︱範︱影︱片

1. **泡菜口味內餡**：把韓國冬粉（事先泡水後擠乾）、泡菜（擠乾）、豆芽（先煮過後擠出水）、大白菜（先加鹽讓它出水，並把水分抓乾）、豆腐（用紗布包著擠出水）❶、蒜末、黑胡椒、醬油、芝麻油拌在一起，備用。

2. **豬肉口味內餡**：把韓國冬粉（事先泡水後擠乾）、豬絞肉、韭菜、大白菜（先加鹽讓它出水，並把水分抓乾）、豆腐（用紗布包著擠出水）、薑末、蒜末、醬油、鹽、黑胡椒、味醂、芝麻油拌在一起，備用。

3. **包炸餃**：把兩種餡料分別包進餃子皮中間，餃子皮對折後，用食指與拇指從餃子皮一端往另一端捏過去並壓緊，做成長形狀的炸餃。**ABCD**

4. **包蒸餃**：把兩種餡料分別包進餃子皮中間，一樣先捏成長形狀，再把餃子皮的兩端接合，做成元寶形狀的蒸餃。**EF**

5. 蒸鍋裡的水事先煮滾，把兩種餃子放進蒸籠裡蒸 12 分鐘。**G**

6. 接著利用空檔時間調製兩種沾醬。
   蒸餃沾醬：把醬油、水、白醋、砂糖、蒜末、蔥花拌在一起即可。喜歡辣的人可以額外加辣椒粉。
   炸餃辣醬：把韓式辣椒醬、韓國粗辣椒粉、砂糖、玉米糖漿、白醋、醬油、芝麻油、白芝麻拌在一起即可。

7. 把蒸好的長形炸餃拿去炸，用油溫 160 度，炸到油溫上升到 180 度，外皮呈金黃上色即可撈起。辨識油溫的方法請參考 P68「BOX」。**H**

8. 最後將成品擺盤，搭配配菜、沾醬一起享用。

Cooking Points

❶ 蔬菜的水分沒有味道，先擠乾，內餡的味道才不會太淡。

A 先將手掌心彎起來，形成一個凹洞。

B 放一片水餃皮後，挖一勺內餡放在上面。

C　將水餃皮對折後，捏合邊緣。

D　完成炸餃長長的形狀。

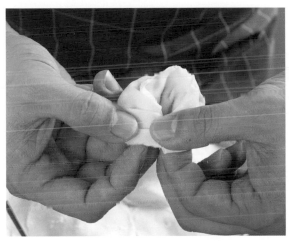

E　依相同方式包好水餃後，將水餃兩端黏在一起，
　做成圓圈。

F　完成蒸餃的元寶形狀。

G　包好的炸餃和蒸餃。

H　將炸餃蒸熟後放入油鍋中，以油溫 160 度炸至
　金黃酥脆即可。

08

蔬菜粥
야채죽

韓國粥在傳統上是生病的時候吃，所以習慣把所有食材切得碎碎的，跟米和水一起熬煮成濃稠綿密的口感，和中式的作法很不一樣。但是最近比較新的作法，會把配料炒好後放在粥上配著吃，讓口味多些變化。

材料
INGREDIENTS
（2-3 人份）

食材
昆布 ... 10g
鯷魚乾 ... 20g
水 ... 500cc
生米 ... 100g
紅蘿蔔 ... 50g - 切小丁
雞蛋 ... 1 顆
菠菜 ... 100g - 切段
鮮香菇 ... 50g - 切片
海苔碎片 ... 適量

調味料
芝麻油 ... 20cc
鹽 ... 適量
黑胡椒 ... 適量
白芝麻 ... 5g

料理步驟
COOKING STEPS

1. 鍋中放昆布、鯷魚乾跟 500cc 的水 ❶，用中火滾煮 15 分鐘。**A**

2. 將昆布跟鯷魚乾撈出後，加入生米熬煮成粥狀後，加入紅蘿蔔丁、鹽。

3. 等到紅蘿蔔丁煮軟後關火，並將蛋液與水以 1：1 混合 ❷，一邊不停攪拌粥，一邊分次倒入蛋液，再開火，下鹽、芝麻油調味即可。**BC**

4. 熱鍋下適量的油、菠菜、鹽、黑胡椒炒香，起鍋前下芝麻油、白芝麻，備用。

5. 同鍋下香菇片、鹽、黑胡椒炒香，起鍋前下芝麻油，備用。

6. 把粥盛碗後，擺上炒好的菠菜與香菇片、海苔碎片，再撒上白芝麻即完成。

Cooking Points

❶ 湯底也可以用自製的海鮮粉取代（參考 P31）。

❷ 蛋液加水混合、先關火再下，粥才會形成均勻的淡黃色，不會變蛋花。

A 水中放入昆布和鯷魚乾，用中火煮成湯底。

B 粥煮好後關火，慢慢倒入蛋液並一邊攪拌。

C 不停拌到粥變均勻的淡黃色。

09

紅豆粥
팥죽

紅豆粥在韓國是冬至吃的節慶料理，有人說吃紅豆粥頭髮才不會變白，也有人認為紅豆代表驅離不好的厄運和壞鬼。韓國的紅豆粥是當主食吃，不是甜品，口味上鹹甜鹹甜，和台灣的紅豆湯很不一樣。

材料 INGREDIENTS
(3-4 人份)

食材

糯米粉 ... 300g
*搓湯圓用，也可以直接買
  市售小湯圓。

紅豆 ... 500g - 泡水 6 小時
糯米 ... 50g - 泡水 3 小時
白米 ... 50g - 泡水 3 小時
松子 ... 30g

乾紅棗 ... 6 粒
熟栗子 ... 3 個
黃豆粉 ... 適量
（自由添加）
水 ... 適量

調味料

砂糖 ... 80g
（可依喜好調整）
鹽 ... 15g
（可依喜好調整）

料理步驟 COOKING STEPS

示|範|影|片

1. 先準備一個大碗放入糯米粉及 200g 熱水，捏成團後搓成小球備用。**A**

2. 備一鍋水煮滾後，放入糯米球煮至浮起，放入冰水中冰鎮備用。

3. 紅豆跟水放入鍋中煮滾後，將第一次的水倒掉❶，再加入第二次水，煮 25-30 分鐘到紅豆變軟，再把水過濾（水保留）。

4. 用同一鍋放入少許的熱水、煮紅豆的水、糯米、白米❷，煮約 50 分鐘到米熟了，再加入紅豆、湯圓、少許的水（調整濃度）攪拌均勻。

5. 最後放入鹽、砂糖調味，並加入紅棗均勻攪拌，放上栗子、松子及黃豆粉即完成。

A 將糯米粉拌熱水，搓成一顆顆小球。

Cooking Points

❶ 第一次煮的水會帶有些許 苦味，倒掉不用。

❷ 白米可以先用杵等工具稍 微敲碎，煮起來比較濃。

CHAPTER

食 / 療

湯 鍋

탕 · 국 · 찌개 · 전골

部隊鍋
부대찌개

　　1950 年韓戰爆發的時候，美國的軍隊到韓國來，當時物資很少、百姓很難吃到肉類，於是把美軍給的午餐肉罐頭、香腸、焗豆罐頭、起司等食材，加上韓國人喜歡的辣湯，做成有飽足感的大鍋菜，因為材料都是部隊裡的，所以稱為「部隊鍋」。正統的部隊鍋，一定會包含「午餐肉、德式香腸、焗豆」三樣材料，再加入自己喜歡的蔬菜、泡麵、年糕。

材料
INGREDIENTS
（2-3 人份）

食材

SPAM 牌午餐肉罐頭 ... 1 罐 - 切厚片
鑫鑫腸（或德式香腸）100g - 對半切
焗豆 ... 半罐
泡菜 ... 100g
金針菇 ... 50g - 切除根部
秀珍菇 ... 50g
青蔥 ... 2 支 - 切長段
年糕 ... 100g
韓式泡麵（只取麵）... 1 包
起司片 ... 2 片

調味料

醬油 ... 30g
砂糖 ... 20g
韓國辣椒粉 ... 10g
韓式辣椒醬 ... 20g

料理步驟
COOKING STEPS

示｜範｜影｜片

1. 在鍋中倒入 600cc 的水，與醬油、砂糖、辣椒粉、辣椒醬混合均勻。

2. 接著放入午餐肉、香腸❶、焗豆、泡菜、蔥段、年糕（如果買到比較硬的，可以先煮過）、麵（折半再折半後下鍋）、秀珍菇、金針菇，添加些許的水❷煮 10 分鐘。

3. 最後放上起司片即完成。

Cooking Points

❶ 如果不想要湯太油，可以先用熱水燙一下午餐肉和香腸。

❷ 一般煮湯，材料跟水的比例約為 1：3，但是煮部隊鍋時，材料：水 = 1：1，水太多的話味道會很淡。

02

嫩豆腐鍋
순두부찌개

這道菜只要學會炒湯底醬料的作法，似乎什麼口味都可以試試看。韓國嫩豆腐鍋的豆腐口感很像台灣手工豆花一樣，所以大家買嫩豆腐後，用挖的入鍋就好，不一定要切成一塊一塊。這道菜是韓國國民菜色之一，在家可以輕鬆做，醬料做好也可以分裝冷凍保存。小的時候我到市場買手工豆腐，買豆腐的時候會請老闆將豆腐的水一起打包回去，煮豆腐鍋特別濃郁好吃。

材料
INGREDIENTS

豆腐鍋醬料（2-3 人份）

蔥花 ... 50g

蒜末 ... 25g

豬絞肉 ... 50g

醬油 ... 25cc

砂糖 ... 10g

韓國粗辣椒粉 ... 50g

芝麻油 ... 10cc

海鮮嫩豆腐鍋（1 人份）

牡蠣 ... 30g

蛤蜊 ... 8 顆

嫩豆腐 ... 半塊

豆腐鍋醬料 ... 30g

雞蛋 ... 1 顆

蔥花 ... 適量

水 ... 250cc

鹽 ... 少許

醬油 ... 少許

牛肉嫩豆腐鍋（1 人份）

牛肉片 ... 100g

蛤蜊 ... 8 顆

嫩豆腐 ... 半塊

豆腐鍋醬料 ... 30g

雞蛋 ... 1 顆

蔥花 ... 適量

水 ... 250cc

鹽 ... 少許

醬油 ... 少許

示｜範｜影｜片

豆腐鍋醬料：

1. 熱鍋下 30cc 油、蔥花、蒜末翻炒，再放入豬絞肉❶，炒到肉熟。**AB**

2. 接著加入醬油、砂糖、粗辣椒粉，用小火炒約 1-2 分鐘，炒到辣油出來❷，且略顯乾、有黏著感。**CD**

3. 起鍋前淋上芝麻油，再炒 1 分鐘即可。

嫩豆腐鍋：

1. 海鮮嫩豆腐鍋：備水鍋，下蛤蜊、牡蠣、嫩豆腐（用湯匙大塊大塊挖）、豆腐鍋醬料，煮到滾後用鹽、醬油調味，再打上一顆蛋、撒上蔥花，煮 2-3 分鐘後關火❸。**EF**

2. 牛肉嫩豆腐鍋：備水鍋，下牛肉片、蛤蜊（牛肉搭配蛤蜊，味道更加分）、嫩豆腐（用湯匙大塊大塊挖）、豆腐鍋醬料，煮到滾。最後用鹽、醬油調味，再打上一顆蛋、撒上蔥花，煮 2-3 分鐘後關火。

Cooking Points

❶ 加豬肉一起炒能夠增添肉香，改成其他肉或不放肉也可以。

❷ 辣椒粉要炒到出現辣油才好吃，避免用大火炒，容易燒焦。

❸ 蛋打入鍋中後就不要攪動，不用煮到全熟比較好吃，也比較香。

A 鍋中下油後，先放入蔥花和蒜末炒香。

B 接著放入豬絞肉炒熟。

C 同一鍋，放入醬油、砂糖、粗辣椒粉。

D 炒到出現辣油，整體幾乎收乾的狀態。

E 用湯匙將嫩豆腐挖進鍋裡，豆腐會更入味。

F 再放入事先做好的豆腐鍋醬料煮滾。

CHEF KAI'S TIPS

• 豆腐鍋的醬料可以冷凍保存 1 個月，建議分裝成單次使用的份量後再冷凍，每次拿需要的量解凍即可。

• 如果有手工豆腐更好，和豆腐水一起煮會更濃郁，但相對水量就要減少。煮的時候也可以用高湯替代水，湯底會更有味道。

• 煮好後湯的表面會浮一層辣油，這是好吃的證明。

年糕湯
떡국

　　用米製成的年糕具有飽足感，放冷後變硬可以保存很久，年糕是從古時候韓國人就常吃的主食。一直到現在，不管是街邊的辣炒年糕，還是逢年過節的節慶料理中，依然常常出現它的身影。

　　特別是過年，年糕湯絕對是韓國人新年第一天必吃的料理，代表長大一歲的意思。長條狀的年糕象徵長壽，切片後的長橢圓錢幣狀表示富貴，而年糕純白的顏色則具有潔淨美好的含義，是一道充滿祝福的菜色。裡面的肉也可以換成海鮮，湯底的風味會不同。

材料
INGREDIENTS
（1 人份）

食材

鯷魚乾 ... 10g

昆布 ... 2g

水 ... 500-600cc

蒜末 ... 5g

豬絞肉（或牛絞肉）... 50g

寧波薄切年糕 ... 100g

　- 泡冷水 30 分鐘

洋蔥 ... 1/4 顆 - 切絲

青蔥 ... 2 支 - 切短段

雞蛋 ... 1 顆

大紅辣椒 ... 適量 - 斜切片

綠辣椒 ... 適量 - 斜切片

白芝麻 ... 適量

海苔 ... 1 包

調味料

芝麻油 ... 2g

醬油 ... 5g（依喜好調整用量）

鹽 ... 少許

料理步驟
COOKING STEPS

1. 取鍋加水、鯷魚乾跟昆布，燜煮 5 分鐘後，撈出鯷魚乾跟昆布。

2. 鍋中下適量芝麻油、蒜末、豬絞肉，拌炒到肉熟之後，加入步驟 1 的湯底以及年糕，煮到年糕變軟。

3. 接著加入洋蔥絲、蔥段、鹽、醬油、芝麻油即可。

4. 將雞蛋煎成黃、白兩色蛋絲。（作法請參考 P117）

5. 年糕湯盛碗後，放上辣椒片、蛋絲、白芝麻、以及撕小片的海苔點綴即完成。

海鮮麵疙瘩
수제비

1970 年代是韓國麵食的全盛時期，當時韓國的米很貴，美國的麵粉便宜，所以政府希望大家用麵粉取代米飯。但因為那時候沒有製麵機，一般家裡做麵很麻煩，因此簡單的麵疙瘩就成了韓國家庭餐桌上常常出現的菜色。直到現在，麵疙瘩依然是很普遍的家常菜，不想煮很多菜的時候，只要一鍋麵疙瘩湯就能解決全家人的一餐，非常方便。

麵疙瘩材料
中筋麵粉 ... 240g
水 ... 130g
鹽 ... 2g

配料
水（鍋底） ... 1200cc
昆布 ... 10g
蛤蜊 ... 20 個
螃蟹 ... 2 隻
馬鈴薯 ... 150g - 切半月型
洋蔥 ... 50g - 切絲
蝦子 ... 10 隻
綠櫛瓜 ... 100g - 切半月型
香菇 ... 50g - 切片
秀珍菇 ... 50g - 撕小塊
花枝 ... 200g - 切片
青蔥 ... 30g - 切段

裝飾
大紅辣椒 ... 1 條 - 斜切片
綠辣椒 ... 1 條 - 斜切片
海苔 ... 1 片
白芝麻 ... 3g
紫蘇籽粉 ... 適量

調味料
芝麻油 ... 5g
鹽 ... 少許

示 | 範 | 影 | 片

1. 將中筋麵粉、水、鹽拌在一起,揉 15 分鐘,完成後的
   麵團用保鮮膜包起來,靜置 30 分鐘 - 1小時。

2. 鍋中倒入水,放入用火烤過的昆布❶、蛤蜊、螃蟹、馬
   鈴薯(比較硬的蔬菜先下鍋煮)、洋蔥,煮到滾。

3. 接著把麵團拉得薄薄的,再捏成一小塊一小塊的麵疙瘩
   後下鍋❷。**AB**

4. 麵疙瘩煮滾後加入蝦子、綠櫛瓜、香菇、秀珍菇,煮到
   差不多都熟後再加入花枝,最後加鹽、蔥段跟芝麻油。

5. 盛盤,點綴上海苔、紫蘇籽粉、白芝麻、辣椒片(可依
   個人喜好決定要不要加)即完成。

Cooking Points

❶ 昆布先用火烤一下比較香,
   烤到有紅火出來即可。

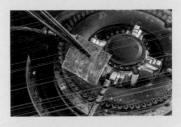

❷ 麵疙瘩捏成一口大小,口感
   Q 彈不硬。捏的時候麵團要
   有筋性才對,可以拉薄。

A　先把麵團拉得薄薄的。

B　撕成一口大小。

05

蔘雞湯
삼계탕

　　韓國飲食中時常提到「以熱治熱，以寒治寒」的概念，認為夏天氣溫高，大家長時間待在冷氣房、吃冷的食物，所以更應該靠熱的食物趕走身體裡面的寒氣，冬天也是一樣的意思，反而更需要吃涼的食物。

　　其中，蔘雞湯是最適合夏季溫補的食物。選擇品質最好的六年蔘，和糯米、紅棗一起塞進春雞裡，燉煮成濃郁的雞湯。因為糯米是放在雞的肚子裡熬煮，所以不會像粥一樣糊糊的，比較像湯泡飯的感覺。

材料
INGREDIENTS
（2-3 人份）

食材

春雞 ... 1 隻（600g）
紅棗 ... 3 顆
栗子 ... 3 顆
蒜仁 ... 8 瓣
青蔥 ... 2 支
韓國人蔘 ... 1 支
白果 ... 5 顆
黃耆 ... 8 片
枸杞 ... 12-15 顆
松子 ... 12-15 顆
糯米 ... 80g ┐
　- 泡水 1 小時 │
洗米水 ... 1200cc ┘

把糯米洗第三次的水留下來備
用，再用新水泡糯米。

醬料

韓國粗辣椒粉 ... 15g
醬油 ... 10g
蒜泥 ... 15g
薑泥 ... 15g
黑胡椒粉 ... 適量
砂糖 ... 10g
水 ... 15cc

BOX

挑選品質好的人蔘

韓國、日本、中國、美國都有人
蔘，但我自己試過幾次的經驗，煮
蔘雞湯還是用韓國人蔘（高麗蔘）
香氣才夠。

韓國人蔘中品質最好的是六年根的
人蔘，太小的人蔘跟孩子一樣，營
養還沒有很完整。但超過六年後的
人蔘太老，吃起來跟骨頭一樣，不
適合煮湯直接食用。

人蔘在陰陽的觀念中是陽氣重的食
材，整株的人蔘可以分成頭、身
體、腳鬚三個部分（中醫上稱為
「蘆頭、蔘身、蔘鬚」），越上面
的部位陽氣越重，所以本身燥熱的
人，不建議吃頭。

我在切人蔘的時候通常也會分切成
三個部位切，去掉頭的地方不用，
把身體拿來熬湯，煮到營養都到湯
裡之後，再丟蔘鬚下去補足香氣。

蔘鬚　　蔘身　　蘆頭

料理步驟
COOKING STEPS

1. **處理雞肉**：如果買的是還沒有處理好的雞，要先切掉頭、脖子、尾椎，還有尾部比較厚的皮層、脂肪等，減少油脂和腥味。**A**

2. 用紅棗、栗子、蒜仁塞住脖子的凹洞，避免之後填進去的米跑出來。**B**

3. 在其中一隻的雞腿根部劃一刀，戳出一個洞（之後用來固定另一隻腿）。**C**

4. 在雞的肚子裡填滿糯米❶後，把雞腿穿過剛剛穿的洞，固定住兩隻腿❷，不用綁線。**DE**

5. 將雞、青蔥、人蔘的身體、白果、黃耆、枸杞、松子與洗米水放入鍋中後，滾煮 40 分鐘。煮的時候不要翻動雞肉。❸

6. 接著放入蔘鬚，滾5-10分鐘增添香氣即可。煮好後先取出雞，用剪刀從雞中間剪開，即可盛盤。**F**

7. 把醬料的材料攪拌均勻。雞肉可沾醬食用。

Cooking Points

❶ 放米可以增加湯的濃度。如果不喜歡糯米黏黏的口感，也可以換成一般白米。

❷ 確認頸部的洞口塞好、雞腿固定好，防止糯米流出來。

❸ 翻動雞肉可能會弄破雞皮，或是破壞雞肉的形狀

A 去除雞的頭尾，還有比較厚的皮層和油脂。

B 用紅棗、栗子、大蒜，塞住雞頸部的洞口。

C 用刀子在雞腿根部穿一個洞。

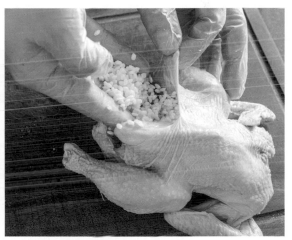

D 從雞的尾端塞入糯米。

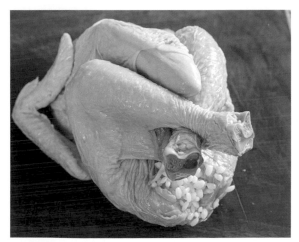

E 塞好後，將沒穿洞的雞腿，穿過另一隻雞腿的洞裡固定。

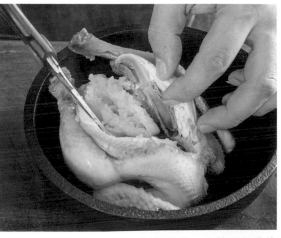

F 把整隻雞和所有食材一起煮好後，用剪刀從雞的中間剪開。

豬骨湯
돼지국밥

　　在台灣，大家比較習慣整支豬骨下去熬湯。但是韓國的豬骨湯，是先用豬骨熬湯底後，再加入另外煮的豬肉、豬肉臟。我把這道食譜做了一點改良，讓大家在家裡比較方便做。

　　豬骨湯的正統吃法是同時搭配飯和麵，因為早期韓國的白飯很貴，光吃飯吃不飽，必須再加麵一起吃。煮好後的豬骨湯除了會用辣椒醬和蝦醬補充湯底的辣度與鹹度外，也會準備包飯醬放在靠近慣用手的位置，把豬骨拿起來沾醬後就能直接吃。

材料
INGREDIENTS
（1 人份）

湯底材料
豬骨（或豬肋排）... 200g
米酒 ... 200cc
洗米水 ... 1000cc
*把洗米時第三次洗的水
保留下來使用
蒜仁 ... 2 瓣

醬料
蒜仁 ... 4 瓣 - 切末
洋蔥 ... 30g - 切末
韓國粗辣椒粉 ... 30g

搭配食材
麵線 ... 40g - 滾水煮熟
（或日本素麵、白細麵）
白飯 ... 1 碗
蔥花 ... 30g
韓國蝦醬 ... 20g
白芝麻 ... 適量（自行選用）

料理步驟
COOKING STEPS

示｜範｜影｜片

1. 將豬骨泡清水 1 小時之後，準備一鍋滾水燙熟後撈起，洗淨表面雜質❶。

2. 將豬骨、米酒、洗米水❷、蒜仁放入鍋裡煮 1.5 小時。過程中要適時把浮沫撈除。

3. **調配醬料**：將蒜末、洋蔥末、韓國粗辣椒粉混勻，再加入少許煮好的湯底攪拌成泥狀即可。

4. 將豬骨湯盛碗、撒上蔥花、白芝麻，搭配煮好的麵線、白飯、醬料、韓國蝦醬一起享用即可。

Cooking Points

❶ 豬肉的雜質是腥味來源，一定要洗乾淨。

❷ 加入洗米水一起煮，湯比較濃。

CHEF KAI'S TIPS
也可以另外加一些事先燙熟的內臟，例如大腸、豬肚等，會更像韓國口味。

07
辣牛肉湯
육개장

　　韓國的解酒湯（해장국）很多種，有簡單一點的豆芽湯，也有明太魚解酒湯，也有用牛血來做的解酒湯，或是牛腸湯。所以解酒湯只是一個統稱。因為韓國有飲酒文化，所以早上醒來時，早餐大多在家吃的韓國人，媽媽們會幫忙煮醒酒湯。　主要是因為裡面的蛋白質與維生素可以幫忙解宿醉，還有暖胃。辣牛肉湯也是其中一種，靠牛肉跟裡面的蔬菜，還有味噌辣粉的湯底來解酒。

材料

INGREDIENTS

（2-3 人份）

食材

牛肉（牛胸或牛肋）... 300g

蒜末 ... 15g

薑末 ... 15g

洋蔥 ... 150g - 縱切片

白蘿蔔 ... 200g - 方形薄片

秀珍菇 ... 100g - 用手撕長條

*用撕的口感比較好，而且因為
接觸面較多，更容易入味。

大香菇 ... 50g - 去蒂頭，切片

豆芽菜 ... 120g

*不怕麻煩的話可去頭去尾

青蔥 ... 3 支（150g）- 切段

調味料

韓國辣椒粉 ... 20g

韓式味噌 ... 30g

味醂 ... 30g

醬油 ... 40g（可依鹹度調整）

黑胡椒 ... 適量

料理步驟
COOKING STEPS

示 | 範 | 影 | 片

1. 將牛肉燙煮 30 分鐘至全熟後切片❶，並保留煮牛肉的湯備用。

2. 鍋中下 30cc 油、蒜末、薑末炒香後，加入韓國辣椒粉，炒到香氣出來❷。

3. 接著放入洋蔥、白蘿蔔、秀珍菇、香菇以及牛肉，用中火拌炒一下。倒入煮牛肉的湯至蓋過食材（量不夠可用清水補足）。

4. 加入韓式味噌、味醂、醬油、黑胡椒拌勻，蓋上鍋蓋用中火滾煮 20 分鐘，再轉小火煮 10 分鐘。

5. 最後加入豆芽菜、蔥段，再續煮 3 分鐘即完成。

Cooking Points

❶ 牛肉片大約切 0.5 公分厚，口感比較好。選擇有些帶筋的牛肉會更好吃。

❷ 辣椒粉要炒到出現紅紅的顏色，也就是炒出辣油。

CHEF KAI'S TIPS

此款湯品可以煮多一點，吃不完也沒關係，隔天吃更入味。

(08)

辣魚湯
매운탕

　　如果大家買得到明太魚乾可以泡開來做這一個
湯品。這次我是選用白色的魚肉片，其實大多的
白色魚肉片都可以用，不一定要用乾貨。這個菜
名的韓文意思就只是一種辣湯，但在韓國就是用
新鮮的魚做成的辣湯。這次做的是微辣清淡的口
味，也可以依照自己的喜好，加上韓國香油增加
香氣。如果不吃辣不要加辣椒粉就可以了。

材料
INGREDIENTS
（2-3 人份）

食材

小魚乾 ... 12 隻
昆布 ... 2g
白蘿蔔 ... 200g - 切薄片
新鮮明太魚 ... 1 隻（約 220g）- 切片
*可用其他白肉的魚取代
豆芽菜 ... 150g
青蔥 ... 2 支 - 切段
水 ... 1000cc
綠辣椒 ... 1/2 條 - 斜切片
大紅辣椒 ... 1/2 條 - 斜切片

辣魚湯醬

韓國細辣椒粉 ... 10g
蒜末 ... 15g
醬油 ... 30g
魚露 ... 30g
米酒 ... 30g
鹽 ... 適量
水 ... 適量

料理步驟
COOKING STEPS

示 | 範 | 影 | 片

1. **調製辣魚湯醬**：把韓國細辣椒粉、蒜末、醬油、魚露、米酒、鹽以及一點點的水混勻在一起。

2. 取鍋下水、小魚乾、昆布、白蘿蔔煮 10-12 分鐘後，撈出小魚乾與昆布。

3. 接著加入明太魚、豆芽菜、1/3 量的辣魚湯醬❶，不要攪動，續煮 10 分鐘❷。

4. 最後撈除雜質，再加入蔥段即可。

5. 擺盤，擺上辣椒片點綴即完成。

Cooking Points

❶ 辣魚湯醬先加少量，再依照喜好的鹹淡，一邊加一邊調整。

❷ 魚片很容易破損或散開，所以煮的時候儘量不要攪拌跟滾太久。

CHEF KAI'S TIPS

- 正統的韓式作法是直接把魚放入湯中煮。但在日式作法裡，會將魚片先抹鹽，讓魚出水後再下鍋煮，這樣肉質比較Q彈，也不易煮散。

- 選擇白肉的魚片，什麼魚都可以，最好帶皮比較好吃。如果買的是切好的魚片，記得先清洗乾淨。

- 在韓國，這道菜最後會加茼蒿或芝麻葉，沒有的話也可以加台灣的芹菜段，增加香氣。

大醬湯
된장국

大醬就是韓國的味噌，但是跟日本的味噌口味不太一樣，而且顆粒比較粗。 日本味噌不會久煮，但韓國的大醬反而適合久煮，燉菜與醃漬的時候也可以用。 每一個品牌的大醬風味和製作方式不太一樣，鹹度不同，所以煮之前先試吃一點點，再決定要下的量。大醬是發酵的產品，開封後一定要放冰箱冷藏 yo！

材料
INGREDIENTS

大醬（可煮 15-20 碗）

芝麻油 ... 20g
沙拉油 ... 20g
韓國辣椒粉 ... 25g
蒜末 ... 20g　　　　砂糖 ... 20g
韓式味噌 ... 200g　　水 ... 100g

海鮮口味食材（1-2 人份）

蛤蜊 ... 50g
花枝 ... 100g - 切塊
蝦 ... 100g
洋蔥 ... 100g - 切絲
綠櫛瓜 ... 100g - 切丁　　蔥花 ... 100g
白蘿蔔 ... 100g - 切 1/4 圓片　紅、綠辣椒 ... 適量 - 斜切片
豆腐 ... 半塊 - 切片　　　　昆布 ... 1 張
金針菇 ... 50g - 切除根部　　洗米水（或水）... 500cc

料理步驟
COOKING STEPS

1. 熱鍋下 10g 芝麻油+10g 沙拉油❶，接著下韓國辣椒粉拌炒❷
   （如果不要辣，可省略此步驟）。

2. 熱鍋下 10g 芝麻油+10g 沙拉油，接著放入蒜末炒香後，加入
   韓式味噌、砂糖、水，拌勻即可。之後加入步驟 1 的辣醬攪拌
   均勻。

3. 鍋中放入洗米水❸、昆布、蛤蜊、洋蔥、綠櫛瓜、白蘿蔔、豆
   腐、花枝，然後加入 1.5 匙步驟 2 的醬料跟蝦子。不用久煮，
   煮到湯滾即可。

4. 最後加入蔥花、金針菇、辣椒片，續煮 2-3 分鐘即完成。

CHEF KAI'S TIPS

• 炒好的大醬可以冷藏放 1 個月。

• 喜歡吃肉的人，可以把海鮮料換成豬五花肉（約
  150g），就是豬肉口味的大醬湯。

• 如果使用的是韓國昆布，因為比較薄可以直接吃，不用
  撈出來。

示 | 範 | 影 | 片

Cooking Points

❶ 混合沙拉油和芝麻油，
　可以提升芝麻油的耐熱
　度。

❷ 辣椒粉先用油炒過，辣
　味會更明顯。

❸ 使用洗米水比較濃郁。
　準備 100g 生米，前兩
　次洗米的水倒掉，第三
　次用 500cc 的水洗過
　後，留下洗米水來使
　用，如果覺得麻煩，也
　可以用清水替代。

豆芽湯
한식 콩나물국

便宜又好吃的黃豆芽，是韓國家庭裡常常出現的蔬菜，涼拌或是煮湯都可以吃到滿滿的營養。

接下來要教大家冬天吃的熱豆芽湯，是每個韓國人一定都喝過的家常料理。夏天的時候也可以試試做冷湯，熱熱的天裡喝起來很舒服，作法差不多，只要把湯過濾後放涼，再放入燙熟並冰鎮過的蔬菜就完成了。因為亞洲喝熱湯的機會比較多，所以這次是呈現熱湯的作法。

材料
INGREDIENTS

自製海鮮湯粉（10-15 碗）

乾蝦米 ... 60g

小魚乾 ... 30g

蚵乾（或是干貝乾）... 40g

乾香菇 ... 40g

柴魚片 ... 40g

食材&調味料（1-2 人份）

白蘿蔔 ... 100g - 切粗絲

黃豆芽 ... 200g - 去除根部　　綠辣椒 ... 1 條 - 斜切片

青蔥 ... 3 支 - 切蔥花　　　　白芝麻 ... 適量

大紅辣椒 ... 1 條 - 斜切片　　鹽　適量

料理步驟
COOKING STEPS

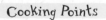

示｜範｜影｜片

1. 將蝦米、小魚乾、蚵乾，放入調理機中打成粉末狀並取出。

2. 將乾香菇放入調理機中打成小顆粒並取出。

3. 將乾炒過的柴魚片❶放進調理機中打成粉末狀並取出。

4. 將步驟 1、2、3 混合後放入茶包袋❷包起來，製成海鮮粉。

5. 取一鍋熱水，放入海鮮粉茶包、白蘿蔔煮 10-15 分鐘後，把白色泡沫撈起，並將海鮮粉茶包取出，再加入少許鹽巴調味即可盛碗。

6. 將黃豆芽用滾水燙 2-3 分鐘後撈起，放入熱湯裡，再擺上辣椒片、蔥花、白芝麻即完成。

Cooking Points

❶ 柴魚片先乾炒或烤一下，香氣更好。

❷ 海鮮湯粉放茶包袋煮出來湯頭比較清澈，不放也沒關係。

CHEF KAI'S TIPS

製作海鮮粉的每種食材大小、硬度不一樣，分開打再混合比較均勻。海鮮粉做好後可以放冷凍庫保存，需要時再拿出來，煮湯、煮粥、炒菜時都可以使用 yo。

海帶湯
미역국

　　韓國人生日的時候一定要吃的
不是蛋糕，而是營養成分很高的海
帶湯。海帶湯原本是韓國媽媽生完
小孩在吃的，後來為了提醒小孩媽
媽的辛苦，變成每年生日吃。海帶
湯在日本、台灣都常常看到，但韓
國的海帶湯重點是湯頭，所以海鮮
會煮久一點。主要是喝湯，不是吃
裡面的海鮮。所以從泡海帶的方法
到煮法都特別講究，是一道簡單卻
充滿心意的料理。

食材

乾燥海帶芽 ... 30g
蒜末 ... 20g
蛤蜊 ... 15 個
蝦子 ... 50g - 去殼
中卷 ... 1 隻 - 切塊
水 ... 500cc
青蔥 ... 3 支 - 切段
白芝麻 ... 5g

調味料

芝麻油 ... 30g
淡味醬油 ... 30g
鹽 ... 適量

1. 將乾燥海帶芽泡水 30 秒後馬上撈起放濾網上❶，靜置 5 分鐘。**AB**

2. 鍋中放入芝麻油炒海帶芽，再加蒜末炒 3 分鐘。**C**

3. 接著加清洗好的蛤蜊、蝦子、中卷、水，蓋鍋蓋煮 10-15 分鐘至湯的色澤呈綠白色。**DEF**

4. 最後加鹽、醬油調味❷後，加入青蔥段再煮一下，最後淋上芝麻油、撒上白芝麻即可。

Cooking Points

❶ 乾燥海帶芽泡在水裡香氣跟味道都會流失，稍微過一下水就放到濾網上，才能鎖住海帶的精華。

❷ 海帶芽跟海鮮都帶有鹹味，建議起鍋前再依喜好調味。

A 乾燥海帶芽放入水中，短暫浸泡 30 秒。

B 取出後放在濾網上靜置 5 分鐘，如果還很硬就再快速過水靜置。

C 用芝麻油將海帶芽和蒜末充分炒香。

D 接著倒入水和海鮮，開始煮。

E 煮的時候蓋鍋蓋，讓鮮味鎖在裡面。

F 正確的海帶湯，要煮到湯底變成綠白色。

CHEF KAI'S TIPS

• 有些人覺得海鮮久煮不好吃，但海帶湯重視的是湯底，一定要煮到呈現綠白色，才表示海帶跟海鮮的味道有煮出來。

• 鹽巴跟醬油量都可依喜好調整，建議的鹹度比例為醬油：鹽＝7：3。

CHAPTER

4

特 / 色

小菜

반 찬

01

韓式炒雜菜
잡채

韓國著名的炒雜菜現在常常被當成小菜的一
種，但其實原本是宮廷料理。在辣椒還沒有引進韓
國以前，韓式料理主要便是這樣的醬油口味。作法
比較繁瑣的炒雜菜，在韓國的節慶或特別日子時常
被當成宴客菜，加上手作的蛋黃與蛋白切絲，美味
和美觀都更加分。此外，在韓國炒雜菜是配飯一起
吃，番薯麵（韓國冬粉）跟料的比例是 1：1，但有
些台灣人喜歡單煮一盤當炒冬粉吃，可以多加一點
麵增加飽足感、用醃好的肉絲直接炒，做成比較台
式的口味。

材料
INGREDIENTS
（3-4 人份）

煮番薯麵材料

韓國番薯麵 ... 250g
　- 泡水 1 小時
砂糖 ... 50g
醬油 ... 30cc
芝麻油 ... 適量

炒番薯麵材料

蒜末 ... 適量
醬油 ... 130g
玉米糖漿 ... 50g
砂糖 ... 50g
芝麻油 ... 適量
白芝麻 ... 適量

炒牛肉材料

牛肉絲 ... 150g
蒜末 ... 適量
醬油 ... 適量
砂糖 ... 適量
黑胡椒 ... 適量

煎蛋絲材料

雞蛋 ... 2 顆
玉米粉 ... 少許

炒蔬菜材料

蒜末 ... 適量
洋蔥 ... 100g - 切絲
紅蘿蔔 ... 50g - 切絲
香菇 ... 60g - 切片
菠菜 ... 150g - 切段
芝麻油 ... 適量

示｜範｜影｜片

1. **炒蔬菜**：熱鍋下 10cc 油、蒜末爆香，再下洋蔥絲、芝麻油翻炒後盛盤備用。並依照同樣方式，分次將紅蘿蔔絲、香菇片、菠菜下鍋炒好備用❶。

2. **炒牛肉**：熱鍋下 20cc 油、蒜末爆香，再下牛肉絲、醬油、砂糖、黑胡椒翻炒後盛盤備用。

3. **煎蛋絲**：參考 P117 的技巧。將蛋黃跟蛋白分開，蛋白液中拌入玉米粉。熱鍋後，用餐巾紙沾油抹鍋面，分開將蛋黃、蛋白煎成薄片，再捲起切成絲。

4. **煮番薯麵**：準備一鍋滾水，放入醬油、砂糖調味❷，再放入事先泡軟的番薯麵，煮 3 分鐘後撈起，拌芝麻油備用。**AB**

5. **炒番薯麵**：熱鍋下油、蒜末爆香，加入煮好的番薯麵、砂糖、糖漿❸、醬油翻炒，再加入炒蔬菜、炒牛肉翻炒均勻，最後淋上芝麻油。**CDEF**

6. 盛盤後點上蛋黃絲、蛋白絲、白芝麻即可。

Cooking Points

❶ 蔬菜分開炒才能保留各自的味道、口感，全部一起炒吃起來比較沒有層次感。

❷ 煮麵水要事先調味，煮好的麵才有味道。每個品牌的麵烹煮時間不同，請視包裝標示和實際情況而定。

❸ 混合不同糖的甜度，味道會更有層次。

CHEF KAI'S TIPS

肉絲也可以先醃好再下鍋炒熟，醃肉醬請參考 P31。除了牛肉，換成其他肉類或海鮮也可以（海鮮的話就不用醃）。

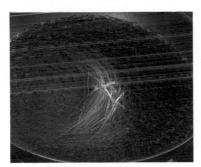

A 番薯麵先泡軟後，放入用醬油、砂糖調味過的滾水中煮熟（可參考包裝說明）。

B 煮好後撈起，倒入芝麻油拌一拌。

C 番薯麵用蒜末拌炒後，加入砂糖、糖漿、醬油調味。

D 將番薯麵翻炒到顏色均勻。

E 接著加入炒蔬菜和肉類等其他配料，稍微翻炒。

F 翻炒均勻後，淋上芝麻油增加香氣。

泡菜
炒五花肉
삼겹살 김치볶음

泡菜除了單吃，拿來炒肉也是很常見的作法。韓國人喜歡泡菜、喜歡豬肉，所以這道泡菜炒五花肉是韓國家庭非常基本的一道家常菜。韓國的媽媽很辛苦，每年冬天快結束的時候，就會看到幾個媽媽聚在一起做接下來 2、3 個月家裡要吃的泡菜（白菜、蘿蔔等各種泡菜），以前泡菜需求量很大，一次可能就要做 100 公斤，現在比較少了，但也要 50 公斤左右。

材料
INGREDIENTS
（3-4 人份）

食材

泡菜 ... 200g
豬肉塊（或火鍋片）... 200g
青蔥 ... 30g - 切段
洋蔥 ... 50g - 切片
白芝麻 ... 3g

調味料

芝麻油 ... 15g
番茄醬 ... 20g
醬油 ... 15g
砂糖 ... 10g

水 ... 50g
胡椒粉 ... 適量

料理步驟
COOKING STEPS

1. 鍋中倒芝麻油後，把泡菜（連同泡菜汁）、番茄醬放進去炒 2-3 分鐘。

2. 放入豬肉塊繼續拌炒到熟後，加入醬油、砂糖、胡椒和水，稍微煮 2-3 分鐘至入味。

3. 接著加入洋蔥片、青蔥段拌炒至熟，再撒上白芝麻即完成。

03

黃瓜泡菜
오이 소박이

泡菜可以分兩種，一種是有發酵過的，另外一種是比較像沙拉的泡菜，沒有發酵。這一款黃瓜泡菜就是沒有經過發酵的泡菜，做完就可以直接吃，是很多家裡和餐廳都有的菜。

像這樣子把快速泡菜塞進小黃瓜段中的方式，是韓國才有的吃法。因為小黃瓜的中間比較沒有味道，把切絲的泡菜塞進去後味道就會變得剛好，整段大口吃非常滿足。

材料
INGREDIENTS

食材（2-3 人份）

小黃瓜（粗）... 2 條
韭菜 ... 100g - 切段
洋蔥 ... 50g - 切絲　　　鹽（醃漬用）... 20g
紅蘿蔔 ... 50g - 切絲　　水（醃漬用）... 200cc
青蔥 ... 50g - 切段　　　白芝麻 ... 適量

泡菜醬（約可塞 6-7 條小黃瓜）

洋蔥 ... 150g - 切絲
蒜仁 ... 30g　　　　　　玉米糖漿 ... 30g
薑 ... 5g　　　　　　　　白飯 ... 20g
辣椒粉 ... 80g　　　　　韓國魚露 ... 50g
鹽 ... 3g　　　　　　　　芝麻油 ... 15g

*建議使用海鹽，鹹度比較溫和。

料理步驟
COOKING STEPS

示 | 範 | 影 | 片

1. **製作泡菜醬**：把泡菜醬的所有材料放入調理機打勻即可。

2. 小黃瓜用鹽巴將表面搓一搓❶後，去頭尾再切長段，從其中一端縱切十字，不要切到尾端（約切到八分）。**AB**

3. 將切好的小黃瓜泡鹽水（鹽：水 = 1:10）醃 20-30 分鐘，醃好後取出並用手擠乾水分。

4. 把韭菜、洋蔥、青蔥、紅蘿蔔加入泡菜醬拌勻。

5. 從小黃瓜的切口處塞入拌好的蔬菜，外層再抹上泡菜醬，最後撒上白芝麻即完成。**C**

Cooking Points

❶ 用鹽巴搓揉掉小黃瓜表面的突刺（苦味來源），不需要去皮。

CHEF KAI'S TIPS

泡菜醬一次多做一點，可冷藏保存 1-2 個月。

A 在小黃瓜上段縱切十字（尾端不切斷）。

B 切好之後的樣子。尾端不要切斷，之後要用來包泡菜。

C 將蔬菜用泡菜醬拌好後，塞入小黃瓜中。

04

水泡菜
물김치 (나박김치)

水泡菜是我們一個很基本的小菜，還有專門做給小朋友吃的種類。韓國人從小時候就吃泡菜，因為經過發酵所以是健康的食物。水泡菜酸酸甜甜的，食材跟作法很簡單，可是切法與過程都很講究。

這道菜可以叫**물김치**，也可以叫**나박김치**。물김치以前指的是在冬天做的水泡菜，因為要喝裡面的湯汁，所以無法用鹹度增加保存的時間。後來大家有冰箱以後什麼時候都可以做，所以名字上就沒有差別了。

食材＆調味料

山東大白菜（或韓國大白菜）
... 200g - 切片

白蘿蔔 ... 100g - 切方片

水梨 ... 100g - 切片

小黃瓜 ... 100g - 切長段

洋蔥 ... 50g - 切片

大紅辣椒 ... 1 條

蒜泥 ... 20g

薑泥 ... 15g

韓國蝦醬 ... 30g
*可用魚露替代，依鹹度
調整用量

米（取洗米水用）... 100g

水（取洗米水用）... 600g

鹽（醃漬用）... 20g
*建議使用海鹽，精鹽容易太鹹
且有苦味

水（醃漬用）... 200cc

裝飾

小黃瓜 ... 適量 - 切圓片

紅、綠辣椒 ... 適量 - 斜切片

紅蘿蔔 ... 適量 - 壓花形

梨子 ... 適量 - 壓花形

示|範|影|片

1. 把山東大白菜跟白蘿蔔用鹽水醃 20-30 分鐘，醃至軟化為止，再將食材取出並用手擠乾水分。

2. 小黃瓜以十字切法，縱切兩刀但尾端不切斷。紅辣椒中間直直地劃兩三刀。**ABC**

3. 把 100g 的米先用水洗過兩次（前兩輪的洗米水太髒不要用），第三次用 600cc 的水把米洗過後，過濾出洗米水（呈現牛奶色）。

4. 用紗布巾把蒜泥跟薑泥包起來放入洗米水中，把汁液擠出來❶後，再加入蝦醬拌勻。**DE**

5. 準備一個密閉容器，放入山東大白菜、白蘿蔔、水梨、小黃瓜、辣椒、洋蔥，倒入步驟 4 的洗米水至淹過食材。**F**

6. 把水泡菜放室溫下 1 天（約 27 度左右，不要超過 30 度），接著冷藏 3-4 天後即可享用。

CHEF KAI'S TIPS

水泡菜可以保存 1-2 個月，放愈久味道愈酸。吃的時候只取大白菜跟白蘿蔔，醃漬過的水梨、小黃瓜、辣椒、洋蔥不會吃，另外可以加入裝飾用的小黃瓜、紅綠辣椒、紅蘿蔔、梨子點綴。

Cooking Points

❶ 用擠汁的方式，蒜跟薑的味道會比較出來，而且沒有殘渣。

A 小黃瓜縱切十字，尾端不切斷。

B 在辣椒中段直劃刀，頭尾不要切斷。

C 切好的辣椒。

D 將薑泥和蒜泥用紗布巾（或蒸籠布）包起來。

E 放入洗米水中，用雙手反覆擠壓紗布巾，擠出汁液。

F 在容器中放入材料和洗米水後密封，放室溫 1 天，再冷藏 3-4 天即完成。

05

醬漬洋蔥 양파절임

　　韓國的環境很適合種植洋蔥，長出來的洋蔥圓圓扁扁，皮比較薄，吃起來辣度低、甜度高、水分很多，很常用在涼拌或是生食的料理上。現在台灣進口的美國洋蔥比較多，但有時候也買得到韓國洋蔥，如果有的話建議用韓國洋蔥來做這道小菜。台灣本地的洋蔥也很甜，可以用台灣的洋蔥來做也不錯 yo。

材料
INGREDIENTS

（20 人份）
*因為醃漬需要時間，建議一次做多一點起來放。

食材	醃醬
洋蔥 ... 500g - 切塊	水 ... 500g
大紅辣椒 ... 5 條 - 切段	白醋 ... 500g
綠辣椒 ... 5 條 - 切段	砂糖 ... 660g
	醬油 ... 500g
	昆布 ... 10g

料理步驟
COOKING STEPS

1. 準備一鍋滾水，將保存用的密封罐放進去燙 30 秒後取出瀝乾水分。

2. 將醃醬的材料放入鍋內，開小火煮滾並馬上關火。

3. 洋蔥及辣椒放入罐中，醬料滾煮完後趁熱倒入填滿並密封，等放涼後冷藏 3 天即可食用。

示|範|影|片

涼拌
海帶芽
미역무침

材料
INGREDIENTS
（2-3 人份）

食材

乾燥海帶芽 ... 50g
白蘿蔔 ... 50g - 切細長條
小黃瓜 ... 50g - 切條
洋蔥 ... 1/4 顆 - 切絲
小番茄 ... 3 顆 - 切半
大紅辣椒 ... 1 條 - 切斜片
蒜末 ... 7g
白芝麻 ... 15g

調味料

砂糖 ... 15g
白醋 ... 45g
芝麻油 ... 15g
鹽 ... 15g

料理步驟
COOKING STEPS

1. 將乾燥海帶芽泡水 30 秒後撈出，放在濾網上靜置 5 分鐘泡開❶。

2. 白蘿蔔用鹽巴抓醃，靜置 5 分鐘後擠乾水分。

3. 將海帶芽、白蘿蔔、小黃瓜、洋蔥、大紅辣椒、蒜末、白芝麻、糖、醋、芝麻油拌勻。

4. 盛盤後放上小番茄裝飾即完成。

示丨範丨影丨片

Cooking Points

❶ 一般會直接把海帶芽泡水 10-15 分鐘，但這樣味道會流失到水裡，而且口感不會 QQ 脆脆的，用快速過水再靜置的方式泡開，才能完整保留海帶芽的香氣和味道。

涼拌小黃瓜
오이무침

材料 INGREDIENTS
（2-3 人份）

食材

小黃瓜 ... 1 條
洋蔥 ... 30g - 切絲
韭菜 ... 30g - 切段
蒜末 ... 5g
白芝麻 ... 3g

調味料

韓國辣椒粉 ... 15g
砂糖 ... 10g
魚露 ... 10g
芝麻油 ... 5g
鹽 ... 5g

料理步驟 COOKING STEPS

1. 小黃瓜先用鹽搓一搓表面❶，再切成長段後用鹽抓醃，靜置 10-15 分鐘至水分出來。

2. 將辣椒粉、砂糖、魚露、芝麻油、一半的白芝麻充分攪拌均勻，製成醬汁。

3. 把抓醃後的小黃瓜過水，連同洋蔥、韭菜與蒜末拌入醬汁，再撒上另一半白芝麻即完成。

Cooking Points

❶ 用鹽搓揉掉小黃瓜表面的突刺（苦味來源），不需要去皮。

CHEF KAI'S TIPS

這道菜芝麻油放得多，所以保存時間比較短，大約可以冷藏 3 天。

08

涼拌豆芽菜
콩나물무침

材料
INGREDIENTS
（2-3 人份）

食材

黃豆芽 ... 300g

紅蘿蔔 ... 50g - 切絲

蔥花 ... 50g

蒜末 ... 10g

調味料

韓國辣椒粉 ... 5g

醬油 ... 5g

芝麻油 ... 10g

白芝麻 ... 5g

鹽 ... 2.5g

砂糖 ... 5g

料理步驟
COOKING STEPS

1. 準備一鍋滾水放入黃豆芽，蓋鍋蓋燜煮 3 分鐘再撈出，稍微瀝乾後放涼到手摸不會燙的程度。**A**

2. 將黃豆芽趁溫熱時加入紅蘿蔔、蔥花、蒜末、韓國辣椒粉、醬油、芝麻油先抓勻，最後再加入砂糖、鹽❶。**B**

3. 盛盤後撒上白芝麻即可。

示｜範｜影｜片

A 煮豆芽要蓋鍋蓋，才能煮掉豆芽的生味。

B 將所有材料拌勻後，加上芝麻即完成。

Cooking Points

❶ 不吃辣可省略辣椒粉。糖跟鹽要最後才放，避免豆芽出水。

CHEF KAI'S TIPS

吃不完的話，可以跟豬肉片一起炒也很好吃。

韓式菠菜
시금치무침

示｜範｜影｜片

材料
INGREDIENTS
（2-3 人份）

菠菜 ... 600g
蒜末 ... 10g
韓式味噌 ... 15g
芝麻油 ... 10g
鹽 ... 5g
砂糖 ... 5g
白芝麻 ... 5g
紅辣椒片 ... 適量

料理步驟
COOKING STEPS

1. 準備一鍋滾水燙菠菜（梗先下，再下葉片），燙熟後拿出來放在冷水中冷卻，再取出擠乾水分❶。重複幾次同樣的步驟後，瀝乾水分。

2. 把菠菜加入蒜末、砂糖、芝麻油、白芝麻、鹽、韓式味噌，用手拌勻❷即完成。盛盤後再點綴上紅辣椒片。

Cooking Points

❶ 重複泡水、擠乾的動作，可以去除菠菜中的苦澀成分。

❷ 用手拌會比用筷子均勻，也是韓國媽媽們的作法。

韓式蒸蛋
한식 계란찜

　　韓式蒸蛋的作法跟中式和日式的蒸蛋很不一樣,雖然有蒸這個字,卻是利用大火快煮的方式,讓高湯裡面的蛋液很快膨脹,做出軟綿綿的口感。如果沒有小陶鍋,也可以用不銹鋼碗替代。小時候我的外婆就把蒸蛋食材用不銹鋼碗裝,放在蒸飯鍋中間,和飯一起蒸,也許沒有那麼膨,但一樣美味。

材料
INGREDIENTS
（2-3 人份）

水 ... 200g

小魚乾 ... 5g

昆布 ... 2g

鹽 ... 3g

雞蛋 ... 5 顆

蔥花 ... 20g

料理步驟
COOKING STEPS

示｜範｜影｜片

1. 準備一個小陶鍋，放入水、小魚乾、昆布煮滾 2-3 分鐘後，撈出小魚乾跟昆布，再加入鹽，煮成高湯底。**AB**

2. 轉大火，把雞蛋打散後倒入高湯底中，用湯匙從外往內快速繞圈攪拌，再蓋上蓋子轉中火蒸 2-3 分鐘。**CD**

3. 開蓋後撒上蔥花、再蓋蓋子續蒸 30 秒即完成。**EF**

CHEF KAI'S TIPS

• 如果家裡沒有陶鍋，可以在小鍋子裡放水和碗，用隔水加熱的方式煮；也可以在煮飯時一起放進電鍋蒸，只是外觀比較不漂亮，口感也有些差異。

• 要讓蒸蛋膨起來，用筷子攪拌的速度要快，大概攪 6-8 次就可以蓋上另一個碗蓋了。除此之外，蛋液的黏性也要有，才膨得起來。

A 準備煮湯用的小魚乾和昆布。

B 放入水中煮 2-3 分鐘後撈出，加鹽調味。

C 將蛋液打勻後倒入煮滾的高湯中，再用湯匙快速攪拌。

D 用有高度的蓋子或另一個碗蓋住，讓蛋有空間膨脹。

E 中火蒸 2-3 分鐘後，小心打開蓋子。

F 放入蔥花，再蓋起來蒸 30 秒。

韓式蛋捲
계란말이

　　韓式蛋捲跟日本玉子燒都是將蛋液煎好捲起來，但玉子燒比較甜、餡料包在中間，我們韓國的作法不同，是將配料切碎和蛋液拌在一起煎，裡面可以放自己喜歡的食材，變化很多。而且這道菜不是只有早餐吃，當便當菜也很受歡迎，下酒菜也不錯 yo。

雞蛋 ... 8 顆　　　　　紅蘿蔔 ... 50g - 切細丁　　青椒 ... 30g - 切細丁
花枝 ... 100g - 切碎　　洋蔥 ... 50g - 切細丁　　蒜仁 ... 3 瓣 - 切末
蝦肉 ... 50g - 切碎　　火腿 ... 50g - 切細丁　　鹽 ... 6g

示｜範｜影｜片

1. 把雞蛋打散後❶，和花枝、蝦肉、紅蘿蔔丁、洋蔥丁、火腿丁、青椒丁❷、蒜末、鹽攪拌均勻。**AB**

2. 鍋中下 30cc 油，開中火，倒入約 1/3 混勻的蛋液，稍微轉動鍋子使其鋪平，煎至半熟（蛋膨起）後，把煎蛋由前往靠身體那側捲起❸，然後推到鍋子前方。**CD**

3. 再倒入第二次混勻蛋液，煎至半熟後，把第一次煎好的蛋捲由前往後捲起，然後推到鍋子前方。**E**

4. 把剩下的混勻蛋液倒入鍋中，依照同樣方式煎好並捲起來。**F**

5. 把煎好的蛋捲放在餐巾紙或竹簾上，捲起定型並吸除一點油分，放涼後再切片擺盤即完成。**GH**

CHEF KAI'S TIPS

加一片大海苔一起捲入，更是美味加分 yo。

Cooking Points

❶ 雞蛋不要打得太散，保留蛋白稠度，煎出來的蛋捲才會膨。

❷ 內餡可以放自己喜歡的料，但一定要切成小丁狀，不然不會熟。

❸ 蛋煎到半熟時就要趕快捲，如果全熟，中間就會黏不起來。

A 將所有配料切成細小丁，和雞蛋打勻。

B 打蛋的時候上下拉起蛋液拌勻，避免因快速攪拌混入太多空氣。

C 鍋中下油後，中火將蛋液煎到四邊熟，中間略生的程度。

D 用筷子由前往後將蛋皮捲起後，推到鍋邊。

E 倒入第二次蛋液後，把煎好的蛋捲略微翻起來，讓蛋液流到下方，使兩者相黏，再捲起來。

F 依照相同方式煎幾次，做出厚厚的蛋捲。

G 取出煎好的蛋捲，用餐巾紙或竹簾包起來塑形。

H 放涼後切成一樣大小的片狀。

釜山鯖魚燉蘿蔔
부산 고등어조림

釜山是一個離海很近的地方，有很多魚
很多海產，所以料理中也常常用到各式各樣
的海鮮、魚板（魚糕）。這道釜山的鯖魚燉
蘿蔔在韓國也是很普遍的小菜，作法簡單，
吸飽了湯汁的蘿蔔和魚肉也都很好吃。

材料
INGREDIENTS
（2-3 人份）

食材 & 調味料

鯖魚排 ... 300g - 切塊後表面劃刀
*如果有整隻鯖魚，切段一起燉更好吃。
因為魚骨裡面好吃的營養會融入湯頭裡，
香氣更好。

白蘿蔔 ... 150g
  - 切厚圓片，中間劃十字

洋蔥 ... 100g - 切圓片

青蔥 ... 50g - 切段

大紅辣椒 ... 20g - 切斜片

芝麻油 ... 適量

醬底

水 ... 400cc

米酒 ... 50g

醬油 ... 40g

韓式辣椒醬 ... 15g

韓國辣椒粉 ... 20g

玉米糖漿 ... 15g

白胡椒粉 ... 2g

薑末 ... 15g

蒜末 ... 15g

白蘿蔔事先用刀子在表面劃十
字，燉煮時比較容易入味。

料理步驟
COOKING STEPS

1. **製作醬底**：把醬底的所有材料攪
   拌均勻 ❶。

2. 鍋底先鋪醬底、白蘿蔔、洋蔥，
   再擺上鯖魚（有骨頭的部分放在
   下方），再淋上醬底並蓋上蓋
   子，開大火煮 2-3 分鐘，煮滾後
   轉中火煮 20-30 分鐘，煮到白蘿
   蔔熟透。**A**

3. 最後再加上青蔥 ❷、大紅辣椒
   片、芝麻油，再蓋鍋蓋滾煮 1 分
   鐘即完成。**B**

示｜範｜影｜片

A 醬底中先放白蘿蔔、洋蔥，再
擺鯖魚。魚骨頭朝下比較煮得
到，能釋放更多味道。

B 煮到白蘿蔔熟透後，再放入青
蔥、辣椒和芝麻油；燜煮 1 分
鐘。

Cooking Points

❶ 不吃辣的人可以把
辣椒粉跟辣椒醬拿
掉，改成醬油 60g。

❷ 青蔥太早下鍋容易
變得不翠綠。

13

韓式燉馬鈴薯
한식 감자조림

材料
INGREDIENTS
（2-3 人份）

食材

馬鈴薯 ... 400g - 切塊
紅蘿蔔 ... 20g - 去皮，切塊
洋蔥 ... 30g - 切塊
大紅辣椒 ... 2 條 - 切短段
綠辣椒 ... 2 條 - 切短段
蒜末 ... 10g
白芝麻 ... 3g

調味料

醬油 ... 30g
砂糖 ... 15g
水 ... 150g
芝麻油 ... 10g

料理步驟
COOKING STEPS

示 | 範 | 影 | 片

1. 鍋中下油，先將蒜末、馬鈴薯、紅蘿蔔炒香 3-5
   分鐘，之後加入洋蔥、紅辣椒。

2. 接著加入醬油、砂糖、水，蓋鍋蓋燜 10-15 分
   鐘，水分收乾後加入綠辣椒、芝麻油拌炒。

3. 最後撒上白芝麻即完成。

⑭ 韓式辣拌 小魚

멸치볶음

材料
INGREDIENTS
（2-3 人份）

食材

乾燥鯷魚（或小魚乾）
... 100g
糯米椒（可用青椒代替）
... 100g - 切細條
蒜末 ... 10g

調味料

玉米糖漿 ... 50g
辣椒粉 ... 10g
白芝麻 ... 10g
醬油 ... 5g

CHEF KAI'S TIPS

大鯷魚的內臟有點苦，建議先剝掉頭跟內臟，魚腥味也會減低。但若是小鯷魚就不用剝。

示｜範｜影｜片

料理步驟
COOKING STEPS

1. 乾鍋下鯷魚炒香❶。炒到魚在鍋裡稍微會跳動，而且眼睛變白色即可。

2. 準備一個篩子，放上炒過的小魚過篩，過濾掉一些粉末般的細碎魚乾❷。

3. 鍋中下 20cc 油、蒜末、玉米糖漿、辣椒粉，接著加入鯷魚、糯米椒、白芝麻、醬油炒香後盛盤。

Cooking Points

❶ 鯷魚乾炒香過程要炒到夠乾，香氣才夠，也才不會有魚腥味。

❷ 細碎的魚乾容易燒焦，產生苦味，所以用小火慢炒，並且炒完要過篩。

⑮ 韓式炒乾蝦

새우마늘볶음

材料
INGREDIENTS
（1-2 人份）

食材

櫻花蝦 ... 35g
蒜苗 ... 25g - 切段
蒜末 ... 10g
白芝麻 ... 15g

調味料

醬油 ... 10g
玉米糖漿 ... 30g
芝麻油 ... 15g

料理步驟
COOKING STEPS

1. 乾鍋下櫻花蝦炒 2-3 分鐘，炒到變脆。

2. 把炒過的櫻花蝦過篩，過濾掉碎屑。

3. 鍋中下 20cc 油、蒜末炒香後，加入玉米糖漿、醬油，最後把櫻花蝦、蒜苗、白芝麻下鍋一起拌炒，起鍋前再加入芝麻油 ❶ 即完成。

示｜範｜影｜片

Cooking Points

❶ 芝麻油會蓋過櫻花蝦的香氣，喜歡櫻花蝦的香氣重可以省略不加。

CHAPTER

5

街 / 頭

小 吃

길거리 음식

辣炒年糕
떡볶이

辣炒年糕雖然叫炒年糕，但其實是燉菜的一種，只是因為在韓國，路邊小吃攤都是用大鐵板翻動，看起來感覺很像在炒。

本來辣炒年糕的韓文「떡볶이」，也就是「炒年糕」的意思，一開始是指早期沒有辣椒時期的醬油炒年糕，但後來大家習慣吃辣口味的燉年糕後，就慢慢變成了「辣炒年糕」的意思，如果要吃不辣的口味，反而要特別說「궁중떡볶이（宮廷炒年糕）」才行。

辣炒年糕除了是韓國街邊常見的小吃，也是每個家庭都會做的家常菜。因為年糕是韓國人家裡冰箱一定會有的食材，肚子餓時拿出來炒一炒就好，是一道方便、好吃又吃得飽的快速料理。

材料
INGREDIENTS
（3-4 人份）

食材

韓國條狀年糕
　... 300g - 泡水 30 分鐘以上
韓國薄片魚板
　... 120g - 切長方形
青蔥 ... 50g - 切段
水煮蛋 ... 2 顆
起司絲 ... 100g

醬料

韓國粗辣椒粉 ... 10g
韓式辣椒醬 ... 15g
醬油 ... 30g
砂糖 ... 50g
水 ... 300cc

料理步驟
COOKING STEPS

示｜範｜影｜片

1. 在鍋中加入水、條狀年糕、韓國辣椒粉、韓式辣椒醬、醬油、砂糖、薄片魚板，開大火煮 1-2 分鐘之後，再轉小火煮 10 分鐘。

2. 確認年糕煮軟後，就可以加入水煮蛋跟蔥段，最後撒上起司即完成。

CHEF KAI'S TIPS

◆加起司是現代年輕人喜好的吃法，在傳統吃法裡並沒有加。

◆如果想做不辣的宮廷炒年糕，就先把洋蔥、紅椒、魚板炒香後，加入年糕、醬油、糖、胡椒、水，炒到年糕變軟後加入青蔥炒到湯汁變濃稠，最後加芝麻油、松子和白芝麻即可。

◆年糕可以買糯米含量高一點的，可以看看成分表，或是買品質比較好的韓製條狀年糕。

魚板湯
어묵탕

　　每次回韓國的時候，我都會到小販推車去買單支的魚板當成點心。天氣冷的時候也會買碗魚板湯，一點點辣很暖胃。韓國魚板湯是用鹽來調味，而日本的關東煮則是用醬油。韓國的魚板產業非常發達，尤其釜山因為靠海，有很多魚和海鮮，以前交通不發達的時候海鮮很難運出去、又不能久放，漁民就把漁獲做成魚板存放，甚至發展出賣各式魚板的專門店。現在台灣的大賣場也買得到魚漿做的韓國綜合魚板，買回來拆開就能煮，非常方便。

魚板湯

材料
INGREDIENTS
（3-4 人份）

食材

白蘿蔔 ... 200g - 切半圓形
水 ... 1500cc
昆布 ... 3g
小魚乾 ... 15g
韓國魚板 ... 500g
蝦 ... 8 隻
蛤蜊 ... 15g
花枝 ... 200g - 切塊
青蔥 ... 3 支 - 切斜段
鮮香菇 ... 50g - 切花
金針菇 ... 50g - 切除根部
大紅辣椒 ... 1 條 - 切斜片
綠辣椒 ... 1 條 - 切斜片

調味料

鹽 ... 依喜好添加
醬油 ... 依喜好添加

料理步驟
COOKING STEPS

1. 鍋內放入白蘿蔔、水、剪開的昆布❶、小魚乾，煮 10-15 分鐘後，撈出昆布跟小魚乾。

2. 加入韓國魚板以及海鮮料（蝦、蛤蜊、花枝）煮 10 分鐘以上❷。

3. 接著加入蔬菜料（青蔥、香菇、金針菇），最後用鹽跟醬油調味。

4. 盛盤，擺上辣椒片裝飾即完成。

示 I 範 I 影 I 片

Cooking Points

❶ 在昆布兩側各剪幾刀（剪到一半就好），讓昆布的味道更容易釋放到湯裡。

❷ 如果煮的時間太短，味道會不夠醇厚，建議煮到湯底泛白。

명동계란빵

효자동 닭꼬치

당탕

원 ₩1000원 ₩2500원 ₩3000원

③

孝子洞雞肉串

효자동 닭꼬치

　　雞肉串這個美食在韓國的小販攤位上很常見，畢竟韓國人喜歡肉，且雞肉串基本上都做得特別大隻，看起來噱頭十足，拍照很有話題性。最近幾年，本來只加蔥的雞肉串變得不一樣了，口味與醬料的種類很多，加上韓國 SNS 及電視台的報導，許多觀光客與韓國人都會特別跑到市場吃孝子洞雞肉串。也因為這樣，我努力研究了他們的菜單，讓大家在烤肉時也能多一點變化。

示丨範丨影丨片

材料
INGREDIENTS
(3-4 人份)

主食材

去骨雞腿肉 ... 600g - 切大塊
德國香腸 ... 100g - 切長條

副食材 *依喜好自由選用

青蔥 ... 3 支 - 切段
條狀年糕 ... 100g
起司絲 ... 50g
蔥花 ... 20g
黑芝麻 ... 20g
杏仁片 ... 20g

調味料

鹽 ... 1.5g（可依喜好調整）
黑胡椒 ... 1.5g（可依喜好調整）
水 ... 50cc

醬汁

蒜末 ... 15g
韓式辣椒醬 ... 50g
番茄醬 ... 30g
韓國粗辣椒粉 ... 10g
蜂蜜 ... 15g
玉米糖漿 ... 30g
砂糖 ... 15g
水 ... 60cc

料理步驟
COOKING STEPS

1. **製作醬汁：**鍋中下 30cc 油、蒜末，炒到有香氣後，加入其他醬汁的材料（韓式辣椒醬、番茄醬、韓國粗辣椒粉、蜂蜜、玉米糖漿、砂糖❶、水），煮滾即可。

2. 用鹽、黑胡椒將去骨雞腿肉調味，下鍋略煎至上色後蓋鍋蓋，蒸烤 3 分鐘後翻面，加入 50cc 的水，再上蓋蒸烤至水分收乾。

3. 將德國香腸、去骨雞腿肉、蔥段、條狀年糕依序串起。

4. 將雞肉串下鍋乾煎至兩面上色，待蔥段熟後淋上醬汁續煎❷。

5. 起鍋前可依個人喜好點上鹽、黑胡椒、蔥花、黑芝麻、起司絲、杏仁片搭配即完成。

Cooking Points

❶ 蜂蜜、糖漿、砂糖都是甜味但香氣不同，堆疊起來層次豐富。不喜歡甜的人可以不加砂糖與糖漿。

❷ 喜歡原味的人不要抹醬，撒些鹽巴調味就好。

04

明洞雞蛋糕
명동 계란빵

韓國小吃中的甜點不像台灣那麼多元，但這款雞蛋糕很特別，裡面放了一整顆的雞蛋，口感微甜微鹹，在明洞商圈的夜市很常見到。天氣很冷的時候吃一口現烤現做的熱甜點，特別開心幸福。

示 | 範 | 影 | 片

材料
INGREDIENTS
（2-3 人份）

麵糊 *約 6 顆的量

全脂牛奶 ... 100g
雞蛋(A) ... 1 顆
砂糖 ... 40g
香草莢 ... 1 根
　　　- 用刀背刮出籽

*沒有香草莢可用香草精，
　或是多放 5-10% 的糖。

低筋麵粉 ... 120g
泡打粉 ... 5g
鹽 ... 2g

配料與其他

雞蛋(B) ... 6 顆
巴西里 ... 20g - 切碎
起司片 ... 20g - 剝小片
香蕉 ... 1 根 - 切片
無鹽奶油 ... 50g

模具

3 吋迷你乳酪蛋糕模
（可用橢圓形烘烤紙杯替代）

料理步驟
COOKING STEPS

1. 取一個大碗，放入牛奶、雞蛋(A)、砂糖、香草籽攪拌均勻，拌到糖融化為止。

2. 接著把低筋麵粉過篩，加入步驟 1 的碗裡，並加入泡打粉、鹽，拌勻成泥狀備用。

3. 烤模中塗抹一層無鹽奶油（方便脫模），把步驟 2 的麵糊倒入烤模裡，約倒 1/3 就好，接著加入一整顆的雞蛋，並依個人喜好分別加入起司片或香蕉，最後撒上巴西里。**ABC**

4. 把烤模放進事先預熱好的烤箱，用 170 度烤 20 分鐘左右即完成。

A　在抹好奶油的烤模中倒入麵糊到 1/3 滿。

B　接著在麵糊上打進一整顆雞蛋。

C　依喜好撒上巴西里，或是起司片、香蕉片等配料。

CHEF KAI'S TIPS

基本的明洞雞蛋糕只會加蛋、撒巴西里而已，但也可以依個人喜好加其他配料。記得趁熱吃才好吃 yo！

糖餅
호떡

05

我以前上課的時候，糖餅的攤販會在學校外面擺攤，大家下課都跑去吃。當時的口味裡面只有包黑糖。現在有很多比較現代化一點的口味，像是包香蕉，或是像釜山糖餅，包糖之外，還會剪開撒堅果，口味很多。在台灣買得到幾個大牌子出的糖餅預拌粉，可是我很鼓勵大家自己做粉，照著食譜比例來調配與發酵，除了比較新鮮之外，要包多少糖或什麼食材都可以自己決定。

材料

INGREDIENTS

（2-3 人份）

麵團

40°C 溫水 ... 200cc

酵母粉 ... 6g

高筋麵粉 ... 200g

糯米粉 ... 100g

黑糖 ... 20g

鹽 ... 5g

工具

壓糖餅器

（可用寬扁的鏟子或

大湯杓取代）

內餡與配料

黑糖 ... 150g

肉桂粉 ... 5g

堅果 ... 100g

（依喜好選用種類）

香蕉片 ... 1 根

冰淇淋 ... 120g

巧克力醬 ... 60g

糖粉 ... 5g

COOKING STEPS

示丨範丨影丨片

1. **製作麵團**：準備 40 度的溫水 200cc ❶，倒入
   酵母粉。取一個大碗，過篩高筋麵粉、糯米
   粉、黑糖、鹽後，分次加水揉成麵團，再靜
   置發酵 2 個小時至膨脹成兩倍大 ❷。**A**

2. 過篩黑糖與肉桂粉（避免結塊），備用。

3. 手沾少許油（防沾黏），把發酵好的麵團取
   適量大小攤平，放上步驟 2 的黑糖肉桂粉
   （約 1.5 匙）、少許堅果、香蕉片。**BC**

4. 先把麵團上下兩側黏合、再把左右兩側往中
   間黏合，接著把整體往中間拉收，中心點黏
   緊後朝下放。**DEF**

5. 熱鍋下足夠的油 ❸，開中火，以半煎炸方式
   煎糖餅。使用壓糖餅器把糖餅壓平 ❹，壓至
   約 2.5 公分厚度，底部煎上色後才翻面 ❺，
   再次壓平，煎到兩面都上色後取出。**G**

6. 盛盤，附上冰淇淋，並用巧克力醬或糖粉裝
   飾即完成。

Cooking Points

❶ 注意水溫不能太高，以免酵母死掉。

❷ 麵團發酵到體積約兩倍大即可，過度發
   酵口感會變差。

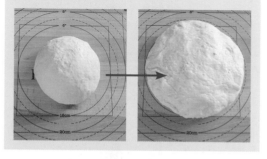

A　發酵完成的麵團，掀開看會有很多細小的孔洞。

B　切一塊麵團，先滾圓再壓平成圓扁狀的餅皮。

C　在餅皮上放黑糖肉桂粉是基本款，也可以多加堅
　　果、香蕉片。

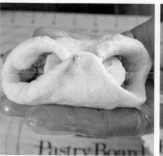

D　放好餡料後，先將餅皮上下兩端捏合。將左右兩
　　端也往中間捏合，固定在同一個點上。

E 接著把開口其他地方也都往中間捏合。一定要捏密、捏緊，以免煎的時候破掉爆開。

F 開口確實封好後翻回正面，表面光滑渾圓。

G 熱鍋放油和糖餅，用壓糖餅器邊壓邊煎到兩面上色。不要壓太用力，免得糖餅破掉。

Cooking Points

❸ 因為是用煎炸的方式，油量要多一點，才能外酥內軟。

❹ 用壓糖餅器壓出來的餅厚度均勻，沒有就用一般鏟子或湯杓。

❺ 要有耐心等到一面煎成金黃色後，壓一下再翻面。不要一直翻面，翻2-3次就可以了。

06

花煎餅
화전

花煎餅從前是宮廷裡的點心，在糯米做成的餅皮上壓入新鮮的花卉、紅棗，再沾蜂蜜一起吃，外觀和味道都相當細緻。現在春天花開的時期，也可以在路邊攤販買到這個美麗的小點心。

示範影片

材料 INGREDIENTS
（2-3 人份）

熱花茶 ... 100g
鹽 ... 3g
糯米粉 ... 120g
食用花 ... 適量
松子 ... 適量
紅棗捲片 ... 6 個
*作法參考 P37
蜂蜜 ... 30g

料理步驟 COOKING STEPS

1. 在熱花茶裡加少許鹽❶，再將熱花茶分次倒入糯米粉中並揉成團。

2. 麵團揉到不黏手後，搓成長條狀，再分成小圓球後壓扁。A

3. 在扁平的麵團上擺放食用花、松子、紅棗捲片。B

4. 鍋中下油，把沒有放花的那一面先朝下放❷，用小火慢煎。煎到麵團開始膨脹、底部煎上色後，翻到有花的那面再稍微煎一下即可。CD

5. 盛盤後淋上蜂蜜裝飾即完成。

Cooking Points

❶ 加少許鹽提味，吃起來帶有一點點的鹹度。

❷ 花瓣容易燒焦，最後再稍微煎一下就好。

A 將揉好的糯米麵團分切成小塊，再搓成小圓後用手壓平。

B 在麵皮上壓入食用花、紅棗捲片、松子。

C 入鍋煎。仔細觀察煎餅，開始膨脹的時候就可以翻面。

D 翻面後是漂亮的金黃色，另一面煎一下即可，避免花變色。

CHEF KAI'S TIPS

花煎餅不用煎太久，麵團熟就可以了，
如果怕沒熟，可以在最後加一點水，加
蓋後用蒸烤的方式燜熟一下。

台灣廣廈 國際出版集團
Taiwan Mansion International Group

國家圖書館出版品預行編目（CIP）資料

正韓食：韓國歐巴主廚的刀法、調醬、烹飪全書，神還原道地
韓劇美食（附料理影音）／孫榮Kai著. -- 初版. -- 新北市：台
灣廣廈, 2020.04
　　面；　公分.
　　ISBN 978-986-130-457-1(平裝)
　　1.食譜 2.烹飪 3.韓國
　　427.132　　　　　　　　　　　　　　　　　109001665

正韓食 韓國歐巴主廚的刀法、調醬、烹飪全書，神還原道地韓劇美食（附料理影音）

作　　　者／孫榮Kai	編輯中心編輯長／張秀環
食譜攝影／Hand in Hand Photodesign 璞真奕睿影像	編輯／許秀妃・蔡沐晨
	封面設計／曾詩涵
部分人像攝影／子宇影像有限公司（徐榕志）	內頁排版／菩薩蠻數位文化有限公司
製作協力／庫立馬媒體科技股份有限公司 -- 料理123	製版・印刷・裝訂／東豪・弼聖・秉成
經紀統籌／羅悅嘉	
經紀執行／何佩珊	
文字協力／妙麗	韓濟名味品（韓國食材用品批發）
攝影用品贊助／韓濟名味品	TEL：02-2211-3679
肖像插畫／李伊森	ADD：新北市新店區安康路一段172號
韓食插畫／王建傑	WEB：https://www.hanji-food.com.tw/

行企研發中心總監／陳冠蒨	線上學習中心總監／陳冠蒨
媒體公關組／陳柔彣	數位營運組／顏佑婷
綜合業務組／何欣穎	企製開發組／江季珊、張哲剛

發　行　人／江媛珍
法律顧問／第一國際法律事務所 余淑杏律師・北辰著作權事務所 蕭雄淋律師
出　　版／台灣廣廈
發　　行／台灣廣廈有聲圖書有限公司
　　　　　地址：新北市235中和區中山路二段359巷7號2樓
　　　　　電話：（886）2-2225-5777・傳真：（886）2-2225-8052

代理印務・全球總經銷／知遠文化事業有限公司
　　　　　地址：新北市222深坑區北深路三段155巷25號5樓
　　　　　電話：（886）2-2664-8800・傳真：（886）2-2664-8801
郵政劃撥／劃撥帳號：18836722
　　　　　劃撥戶名：知遠文化事業有限公司（※單次購書金額未達1000元，請另付70元郵資。）

■出版日期：2020年04月　　　　■初版18刷：2024年08月
ISBN：978-986-130-457-1